高等学校教材

数字信号处理

——使用 MATLAB 分析与实现

○ 主 编 贺 晨 赵 健

中国教育出版传媒集团

高等教育出版社·北京

内容简介

本书系统地介绍了数字信号处理的基本理论,并简单介绍了高速数字信号处理器——DSP。主要内容包括离散时间信号和离散时间系统、离散傅里叶变换和系统频率响应、z变换及系统函数、系统的网络结构有限长序列的离散傅里叶变换、快速傅里叶变换(FFT)算法、数字滤波器设计和高速数字信号处理器(DSP)以及数字信号处理的相关实验。

本书的重点放在基本理论和基本概念上,强调对基本理论中的物理概念的透彻理解,尽量反映 DSP 的最新发展;同时,本书新增 MATLAB 实验章节,便于读者更好地将理论与实际相结合。精选的习题和第六章的数字信号处理实验便于读者检验所学内容。

本书可作为理工科院校电子信息类专业"数字信号处理"课程的教材和参考书,也可作为工程技术人员的自学参考书。

图书在版编目(CIP)数据

数字信号处理:使用 MATLAB 分析与实现/贺晨,赵健主编 . --北京:高等教育出版社,2024.1

ISBN 978-7-04-061253-0

Ⅰ.①数… Ⅱ.①贺… ②赵… Ⅲ.①数字信号处理-研究生-教材 Ⅳ.①TN911.72

中国国家版本馆 CIP 数据核字(2023)第 190962 号

Shuzi Xinhao Chuli——Shiyong MATLAB Fenxi yu Shixian

策划编辑	张江漫	责任编辑	张江漫	封面设计	王 洋	版式设计	李彩丽
责任绘图	易斯翔	责任校对	马鑫蕊	责任印制	耿 轩		

出版发行	高等教育出版社		网 址	http://www.hep.edu.cn
社 址	北京市西城区德外大街 4 号			http://www.hep.com.cn
邮政编码	100120		网上订购	http://www.hepmall.com.cn
印 刷	北京市联华印刷厂			http://www.hepmall.com
开 本	787mm×1092mm 1/16			http://www.hepmall.cn
印 张	12.25			
字 数	300 千字		版 次	2024 年 1 月第 1 版
购书热线	010-58581118		印 次	2024 年 1 月第 1 次印刷
咨询电话	400-810-0598		定 价	25.10 元

本书如有缺页、倒页、脱页等质量问题,请到所购图书销售部门联系调换
版权所有 侵权必究
物 料 号 61253-00

前　言

　　本书是作者在多年从事数字信号处理的教学和研究过程中编写而成的,内容就深度和广度而言,适合于高年级电子信息工程、通信工程、计算机科学与技术、人工智能、自动化、物联网等专业本科生学期 36~64 学时的课程教学。本书假定读者已经具备了连续时间信号与系统的基础知识,本书不要求读者预先掌握离散傅里叶变换等内容。

　　全书共六章,第一章首先介绍数字信号处理的基本概念,数字信号处理的应用,数字信号处理的研究内容。接着第二章全面叙述数字信号处理的一些具体概念及定义,包括离散时间序列的定义,离散卷积的计算,系统的稳定性和因果性,离散时间信号和系统的频域表示,连续时间信号的采样,z 变换,系统函数,系统的信号流图,无限冲击响应(IIR)系统的网络结构和有限冲击响应(FIR)系统的网络结构等。

　　第三章和第四章是离散傅里叶变换(DFT)和快速傅里叶变换(FFT),根据作者的体会,这两章内容是学习数字信号处理时的一个难点。作者在叙述时重点放在对基本原理的概念理解,并通过数学公式和图形相结合的方法,从定性和定量两方面清晰地表述 DFT 的物理概念,有利于读者掌握 DFT 这一重点内容。对 FFT 相关内容的重点放在 FFT 算法的基本原理和思路上,除了经典的基 2-FFT 算法外,还介绍了应用广泛的基 4-FFT 算法和实序列 FFT 算法。

　　第五章是数字滤波器设计。首先介绍了数字滤波器及滤波器技术指标,特别强调了数字滤波器指标的物理含义,IIR 数字滤波器设计中先介绍了巴特沃斯和切比雪夫两种模拟滤波器设计,然后介绍了应用比较广泛的冲激响应不变法和双线性映射法。FIR 滤波器中特别突出了线性相频特性,并归纳了四种对称情况下 FIR 滤波器的线性相位及滤波器的特点。设计方法上以窗函数法为重点,同时也介绍频率采样设计法,最后从多方面对两种滤波器进行比较。

　　第六章介绍了各个章节需要的数字信号处理实验。首先是 MATLAB 编程基础实验介绍,接着介绍了时域离散信号的表示和基本运算实验、时域离散系统时域分析及稳定性实验、离散傅里叶变换及快速傅里叶变换、IIR 数字滤波器设计及软件实现、FIR 数字滤波器设计及软件实现。

　　本书内容侧重于基本理论和算法,没有列出专门章节讨论数字信号处理的应用,而是把它们分散于书中的例题、习题中。由于篇幅有限,本书略去了有限字长效应的内容,有兴趣的读者可以在有关的参考文献中找到。

　　本书的特点是:

　　(1) 对基本理论和算法进行充分的讨论,强调基本原理和基本概念。

　　(2) 突出基本理论中所包含的物理概念,使读者透彻理解。

（3）精选的习题和上机题内容丰富，将有助于读者牢固掌握基础理论并达到学以致用的目的。

（4）在理论论述、习题讲解等各个方面尽力理论联系实际，努力在介绍数字信号处理的基本理论时让读者对其工程应用有所了解。

（5）反映 DSP 应用方面的新内容。使读者能够了解数字信号处理理论和算法的实现及 DSP 系统的应用开发。

（6）介绍了数字信号处理相关实验。使读者能够更加方便地将理论和实验相结合。

限于作者的水平，书中不妥之处在所难免，恳切希望读者给予批评指正。

作者

2021 年 5 月于西安

目　录

第一章 绪 论

1.1 数字信号处理的基本概念

20 世纪 60 年代以来,计算机科学、半导体科学和信息科学的迅猛发展和取得的巨大进步有力地促进了数字信号处理(digital signal processing,DSP)技术的发展,数字信号处理在很多领域得到了广泛应用,逐步形成了一门独立的学科体系。目前,国内外绝大多数重点工科院校中,都开设了"数字信号处理"课程,并将其作为一门重要的基础课。在一些著名高校,还建立了数字信号处理技术研究中心,把教学、科研和人才培养紧密结合起来,在理论和实际应用方面取得了丰硕成果。目前,数字信号处理器(digital signal processor)芯片以及相应的外围设备,正在形成一个具有巨大潜力的产业和市场。

什么是数字信号处理?它有哪些应用呢?它研究的基本内容有哪些呢?

所谓信号处理就是对信号(观测数据)进行所需要的变换,或按照预定的规则进行简单或复杂的数学运算,使之便于分析、识别和加以利用。信号处理一般包括:变换、滤波、检测、频谱分析、调制解调和编码解码等,其中滤波的物理概念最为熟悉和容易理解。

信号处理按信号的表示和处理形式分为"模拟信号处理"和"数字信号处理"。模拟信号处理是传统的信号处理手段,它采用模拟设备对模拟信号进行处理。模拟信号处理的优点是它的实时性和简易性,但由于模拟系统的局限性,系统性能不能达到很高,也不能进行复杂的信号处理任务。数字信号处理是利用专用或通用数字系统(包括计算机)以二进制计算的方式对数字信号进行处理。数字信号处理系统具有很多优点,可以完成复杂的处理任务,在很多场合正逐步取代传统的模拟信号处理。

通过图 1-1 可以简单说明一个 DSP 系统处理模拟信号的基本过程。

图 1-1 用数字方法处理模拟信号的过程

在这个处理过程中,$H_a(s)$ 称作前置模拟低通滤波器,它的作用是对模拟信号 $x_a(t)$ 进行预处理,改善信号的带限性能,有利于后续的采样,具有抗混叠作用;采样的作用是对滤波后的模拟信号 $x(t)$ 进行自变量 t 的离散化,T 为均匀采样间隔;ADC 是模数转换器,是对采样后的信号进行幅度二进制量化,使信号变成离散的二进制数据 $x(n)$;$H(z)$ 表示一个 DSP 系统,它包含具体的数字信号处理算法,完成对 $x(n)$ 的处理;DAC 是数模转换器,它完成把处理后的数字信号 $y(n)$ 转换成模拟信号 $y(t)$ 的功能,若系统不要求输出是模拟信号,这一环节可以省去;$H_r(s)$ 表示一个模拟低通滤波器,它的作用是平滑 DAC 的输出,滤除 DAC 引起的高频噪声。在这个典型的处理系统中,$H(z)$ 是核心环节,数字信号处理研究的主要任务是在理论上建立一套描述 $x(n)$、$y(n)$ 和 $H(z)$ 特性的方法和算法,并研究在工程上如何实现这一系统,这也是数字信号处理一个最基本的问题。

数字信号处理技术是从 20 世纪 60 年代中期开始迅速发展起来的,但就其学科本身而言,历史却很久远,经典的数值分析方法(如内插、数值积分、微分等)可以看成早期的数字处理技术。简单地看,数字信号处理就是将一些信号分析和信号处理的理论方法变成一种能够实际应用的算法,并采用与之相关的硬件和软件技术加以实现,因此,数字信号处理有很强的应用背景以及与其他学科紧密的相关性。

对信号的分析和处理,人们很早就进行了研究,例如傅里叶变换,被广泛用于信号的频域分析,但由于傅里叶变换在实际中实现非常困难,所以,信号处理的水平停留在一些只能进行简单信号处理的模拟方法上,而且性能也不能达到很高。计算机发明后,数字处理方法得到了发展。但因为实时性和经济性还不能满足大多数应用领域,因此,数字信号处理方法并没有真正得到应用,在 20 世纪 60 年代之前,数字信号处理技术发展极其缓慢。随着大规模集成电路(芯片)技术的发展和快速算法的出现,数字信号处理进入了广泛的应用和实用阶段,主要表现在数字信号处理的实时性和经济性方面,特别是著名的快速傅里叶变换 FFT(fast Fourier transform)的发明,从此,数字信号处理进入了一个崭新的高速发展阶段。目前,数字信号处理仍是最有活力和发展最快的领域之一。

从数字信号处理的发展过程看,它是紧紧围绕着理论、实现和应用三个方面展开的,它以众多学科为理论基础,其成果也渗透到众多学科,成为理论和实践并重、在高新技术领域占有重要地位的新兴学科。与模拟信号处理相比,数字信号处理的突出优点主要体现在:精度高、灵活性好、抗干扰能力强、体积小、造价低、功能强、速度快和适用范围宽。

1. 精度高

DSP 系统的精度主要取决于数字器件的精度,具体表现为字长:字长越长,精度越高。众所周知,计算机的高精度是依靠超字长的结构来保证的。在很多精密的处理和测量系统中,必须采用数字信号处理技术,否则就无法达到所需的精度和性能要求。另外,有些性能 DSP 系统很容易实现,而使用模拟系统实现却相当困难,例如,FIR 数字滤波器可以实现准确的线性相频特性,这种特性用模拟系统实现比较复杂。

2. 灵活性好

用数字信号处理系统完成一个信号处理功能时,可以通过软件方便地调整和改变系统的性能,控制整个系统的运行状态,体现了系统的可编程性。另外,可以在实验室对系统的参数进行硬件和软件仿真模拟,以估计整个系统的质量。

3. 可靠性高

数字信号处理系统大多由 CPU、存储器和 I/O 接口器件等数字集成电路器件构成,受环境因素的影响相对模拟器要小得多,可编程系统还可以采用许多抗干扰方法,大大提高了系统的可靠性。

4. 便于大规模集成

数字信号处理系统主要由中大规模集成电路等器件构成,便于大规模集成和生产,可大大降低生产成本,特别是在处理极低频率的信号时,体积重量不受影响,比模拟系统要优越许多。

5. 复用性强

利用一套数字信号处理系统可以同时处理多路数字信号,因为数字信号的各采样点之间有一定的采样间隔,在这个间隔里可以同时处理多路信号。另外,在级联数字信号处理系统中,为节省成本,可以使用一个低阶环节分时执行,来完成总系统的任务。这都属于一种时分复用的结构。图 1-2 是一个数字信号处理系统时分复用的示意图。

图 1-2   数字信号处理系统时分复用的示意图

同步控制器通过多路开关控制各路信号,在时间上前后错开(利用采样间隔),依次进入数字信号处理系统,数字信号处理在处理完第 1 路后,再处理第 2 路,处理完第 2 路后,再处理第 3 路,依此类推;同步控制器通过分路开关将处理结果分别送到各路输出,然后进行下一时刻的处理,在各路输入信号输入下一个值之前,数字信号处理系统已将当前时刻的各路信号处理完一次,并将结果送到各路输出,对每路信号来讲,都好像单独使用数字信号处理系统一样。实现这种功能要依靠数字信号处理系统中处理器的运算速度来保证,即在一个采样间隔里,数字信号处理系统必须完成每一路信号在当前时刻的处理任务。另外,有一种频分复用系统,利用信号在频谱上的差别来区分系统,它与前面的复用概念不同。

6. 多维处理

数字信号处理系统可以配备大容量的外部存储器,可以将多帧图像或者多路传感器信号存储起来,实现二维或多维信号的处理,例如:激光影碟机、医用 CT 等图像处理设备就是依靠数字信号处理系统完成复杂图像编码、压缩和解码以及扫描成像等处理。

1.2   数字信号处理的应用

数字信号处理技术巨大的应用潜力吸引了众多学科的研究者,数字信号处理在众多领域的成功应用也极大地促进了这门学科的发展,它已经成为应用最快、成效最为显著的学科之一。数字信号处理广泛用于通信、雷达、声呐、语言和图像处理、生物医学工程、仪器仪表、机械振动和控制等众多领域。近年来,随着 DSP 芯片技术的发展,DSP 在通信,特别是个人通信(personal communication)、网络、家电和外设控制等方面显示了强劲的应用势头。

一些文献[2,3]将数字信号处理的应用归纳为 11 个大类,100 多个方面,下面仅列出一些典型的应用。

(1) 通用数字信号处理:数字滤波、卷积、希尔伯特变换、FFT、信号发生器等。

(2) 语音:语音通信、语音编码、识别、合成、增强、文字-语音自动翻译等。

(3) 图像图形:机器人视觉,图像传输和压缩,图像识别、增强和恢复,断层扫描成像等。

（4）控制：磁盘控制器、机器人控制、激光打印机、电机控制、卡尔曼滤波等。

（5）军事：雷达、保密通信、声呐、导航、导弹制导、传感器融合等。

（6）电讯/通信：回声对消、调制解调器、蜂窝电话、个人通信、视频会议、自适应均衡、编码/译码、GPS等。

（7）汽车：自动驾驶控制、故障分析、导航、汽车音箱等。

（8）消费：数字音响/电视、MP3播放器、数码相机、音乐综合器等。

数字信号处理技术的应用正以惊人的速度向前发展。随着数字器件的成本降低、体积缩小及运算速度的提高，特别是高速A/D器件和高速DSP芯片的广泛使用，使得它的应用前景更加广阔。目前，已经有多种专用数字滤波器芯片和FFT芯片可供选用，几乎所有的语音宽带压缩系统都采用了全数字化，数字信号处理机已成为现代化雷达和声呐系统不可缺少的组成部分。数字信号处理的应用和开发成本越来越低、开发手段越来越先进和方便。

1.3　数字信号处理的研究内容

数字信号处理的研究内容在理论和应用上涉及的范围极其广泛，数学中的微积分、随机过程、数值分析、矩阵和复变函数等都是它的基本工具；线性系统理论、信号与系统等都是它的理论基础；同时它和最优控制、通信理论以及人工智能、模式识别、神经网络等新兴学科也有关联，在算法实现和数字信号处理系统开发和应用中，要涉及模拟电路、计算机及许多新兴集成电路芯片技术。

由于快速傅里叶变换（FFT）的诞生，数字信号处理在理论和应用方面的内容得到了极大发展和丰富。数字信号处理的研究内容一般可以分为三大类：一维数字信号处理、多维数字信号处理和数字信号处理系统实现。一维数字信号处理主要研究一维离散时间信号和系统，是数字信号处理最重要、最基本的研究内容，也是本书所讨论的主要内容。多维数字信号处理主要研究二维图像、阵列传感器离散信号和系统，这部分属于较深的研究内容。数字信号处理系统实现主要研究上面两类理论中的算法和系统（数字滤波器）的软件和硬件实现，包括系统结构、方案制定、芯片选择、软硬件开发等，主要面向数字信号处理的应用领域。前两类研究内容属于理论和算法，第三类属于应用。

数字信号处理的理论主要包括：

（1）模拟信号的采样（A/D变换、采样理论、量化噪声分析等）。

（2）离散信号分析（时域及频域分析、傅里叶变换、z变换、希尔伯特变换等）。

（3）离散系统分析与综合（离散系统描述、因果及稳定性、线性时不变系统、卷积、系统频率响应、系统函数、数字滤波器设计等）。

（4）信号处理的快速算法（FFT、快速卷积与相关）。

（5）信号处理的特殊算法（抽取、插值、奇异值分解、反卷积、投影与重建等）。

数字信号处理所研究的信号包括确定性信号、平稳和非平稳随机信号、时变和时不变信号、一维和多维信号、单通道和多通道信号。所研究的系统包括线性和非线性系统、时变和时不变系统、二维和多通道系统。对每一类信号和系统，上述理论又有所不同。

数字信号处理系统实现方法一般分为下面几种。

（1）在通用计算机上用软件实现。软件采用高级语言编写，也可利用商品化的各种数字信号处理软件(MATLAB、SYSTEMVIEW 等)。这种实现方法简单、灵活,但实时性较差,很少用于实时系统,主要用于教学或科研的前期研制阶段。

(2) 使用普通单片微控制器(MCU)实现。单片机技术发展很快,功能越来越强,可以用来做一些简单信号处理,但不能用于复杂的信号处理,可以用于比较简单的控制场合,如小型嵌入系统、仪表等。

(3) 使用通用 DSP 芯片实现。DSP 芯片有着 MCU 无法比拟的突出优点:内部硬件乘法器、流水线和多总线结构、专用 DSP 处理指令,具有很高的处理速度和复杂灵活的处理功能。

(4) 使用专用 DSP 芯片实现。市场上推出的一些有特殊用途的 DSP 芯片可专门用于 FFT、FIR 滤波、卷积和相关等处理,其软件算法已固化在芯片内部,使用非常方便。这种实现方式比通用 DSP 速度更高,但功能比较单一,灵活性不如通用 DSP 好。

目前世界上生产 DSP 芯片的主要厂家有:TI 公司、ADI 公司、Motorola 公司等,其中 TI 公司的 DSP 产品在全球 DSP 市场份额居领先地位。从目前的市场前景看,数字信号处理技术已经成为今后电子产业的一个主要市场。除了原有的军事应用领域外,它的一个新的主要推动力来自移动通信、智能家居、互联网和物联网等。

数字信号处理的研究内容和理论体系有其自身的特点与规律,因此应按照它本身的规律来学习和研究,而不应当把它看成是模拟信号处理的一种近似。本书在内容的安排上,尽量避免将模拟信号处理的结论生硬地搬到数字信号处理中来。虽然在数字信号处理中有很多概念和结论确实同模拟信号处理中的概念和结论相对应,例如,单位采样信号、单位阶跃信号、卷积、傅里叶变换、频率响应等有着非常相似的表示形式,但数字信号处理的概念和结论是按照自身的基本定义和数学方法推导出来的,两者之间并没有直接的关联,而且存在着一些明显而重要的区别。因此要提醒读者,不要让原有的模拟信号处理的概念,妨碍了你对数字信号处理中许多概念的正确理解。

学习数字信号处理时另一个要注意的就是要以系统为中心,要正确建立数字信号处理的系统概念。一个算法、一个数学表达式、一个流图,表面上看虽然是抽象的概念,但实际上是一个具体的数字信号处理系统,可以是一个滤波器,也可以是一个编码器或具有其他功能的系统,这些算法或数学表达式包含数字信号处理系统最基本的处理单元:加法、数乘和延时,因而,这些抽象的数学式表示的是一个具体系统中的处理过程。在数字信号处理系统里,简单的"运算"所代表的就是真实系统的"处理",例如,离散卷积的运算实际上普遍表示了线性时不变离散系统对离散输入信号的真实处理过程,所以在数字信号处理中,很多抽象的数学表达式与一个系统有最直接的关联,或者说,算法或数学表达式包含着明确的物理概念,这也可以说是学习数字信号处理的一个难点或者说是它的一个特点。

1.4 MATLAB 在信号处理中的应用简介

MATLAB 是美国 Mathworks 公司于 1984 年推出的一套高性能的数值计算和可视化软件,它集数值分析、矩阵运算、信号处理、系统仿真和图形显示于一体,被广泛地应用于科学计算、控制系统、信息处理等领域的分析、仿真和设计工作中。

MATLAB 软件包括五大通用功能:数值计算功能(numeric),符号运算功能

(symbolic),数据可视化功能(graphic),数据图形文字统一处理功能(notebook)和建模仿真可视化功能(simulation)。该软件有三大特点:一是功能强大;二是界面友善、语言自然;三是开放性强。目前,Mathworks 公司已推出 30 多个应用工具箱。MATLAB 在线性代数、矩阵分析、数值及优化、数理统计和随机信号分析、电路与系统、系统动力学、信号和图像处理、控制理论分析和系统设计、过程控制、建模和仿真、通信系统以及财政金融等众多领域的理论研究和工程设计中得到了广泛应用。

本 章 要 点

　　本章主要介绍了数字信号处理的基本概念、特点、研究内容、应用以及学习方法等。数字信号处理的研究内容和理论体系有其自身的特点和规律,因此应按照它本身的规律来学习和研究,而不应当把它看作是模拟信号处理的一种近似,以前学到的有关模拟信号处理的概念妨碍了对数字信号处理中许多概念的正确理解。学习数字信号处理时另一个要注意的就是要以系统为中心,正确建立数字信号处理的系统概念。在数字信号处理中,很多抽象的数学公式与一个系统有最直接的关联,或者说,算法或数学表达式包含着明确的物理概念,这可以说是学习数字信号处理的一个难点或者说是它的一个特点。

第二章 离散时间信号和离散时间系统

2.1 离散时间信号——序列

2.1.1 序列的定义

信号在数学上定义为一个函数,这个函数表示一种信息,通常是关于一个物理系统的状态或特性的。信号的函数表示是关于一个或几个独立变量的,关于一个独立变量的信号称为一维信号,关于多个独立变量的信号称为多维信号。多数情况下,独立变量都具有明确物理意义,例如,语音信号是关于时间的一维信号,图像是关于平面位置的二维信号,还可以举出许多具体的信号实例,如温度、压力、流量、电压、电流等。在本书中,主要讨论的信号是一维信号 $x(t)$,多数情况下,t 是时间变量,t 也可以是其他意义的变量,一般情况下,将 $x(t)$ 称为随时间变化的信号,简称时间信号或时域信号。

若 t 是定义在时间上的连续变量,称 $x(t)$ 为连续时间信号,也就是模拟信号;若 t 仅在时间的离散点上取值,则称 $x(t)$ 为离散时间信号或时域离散信号。实际中大多数信号都是连续时间信号,如语音信号、心电信号、随时间变化的电压和电流信号等。离散时间信号可以通过对连续时间信号采样得到,这也是离散时间信号的最普遍的模型,这种情况下把信号记为 $x(nT)$,T 表示采样点之间的时间间隔,n 是一个整数。但也有一些离散时间信号本身就是离散的,例如,某地区的年降雨量或年平均增长率等信号,这类信号的时间变量为年,且只能取整数时间值,不在整数时间点的信号是没有意义的,例如某年某月的年降雨量是没有意义的,因此,这类信号的自变量本身只能定义为整数值,这类信号也可记为 $x(nT)$,这里的 T 等于 1,单位是年或其他时间含义。因此,离散时间信号可以表示为下列形式

$$\{x(nT)\}, n = 0, \pm1, \pm2, \pm3\cdots \tag{2-1}$$

在很多场合下,$x(nT)$ 的值完全由 n 来确定,T 可以省去,或将 T 取 1。在大多数数字信号处理系统中,$x(nT)$ 是按 n 来放置的,不同的 $x(nT)$ 只要靠 n 就可以区别,因此,将 $x(nT)$ 表示为 $x(n)$,这是一种数学的抽象,在表示方式和数学推导上更加简洁,而且有利于利用成熟的数学工具来建立离散时间信号和系统的理论。但这种表示忽略了信号本身的物理意义,在涉及"连续→离散"或"离散→连续"概念时,仍要清楚 T 的含义。

一个离散时间信号定义为

$$\{x(n)\}, n = 0, \pm1, \pm2, \pm3\cdots \tag{2-2}$$

$x(n)$表示第 n 个时刻的离散时间信号 $\{x(n)\}$ 的值，$\{x(n)\}$ 定义在 n 等于整数时，在 n 不等于整数的取值中，$\{x(n)\}$ 没有定义，但并不表示信号值为零。上面的定义式常常简化为用 $x(n)$ 表示 $\{x(n)\}$，严格地说，$x(n)$ 表示 $\{x(n)\}$ 中第 n 个值，但在不引起混淆的情况下，仍采用 $x(n)$ 表示整个离散时间信号。

从数学的角度看，式(2-2)表示一个序列，因此，也把离散时间信号称作离散时间序列，简称序列。

序列除了数学表达式外，还常常采用图形方式来表示，如图 2-1 所示。虽然横坐标画成一条连续的直线，但 $x(n)$ 仅对于整数的 n 值才有意义。

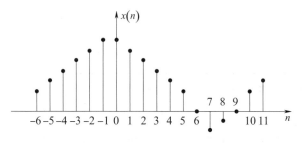

图 2-1　离散时间信号的图形表示

离散时间信号在幅度定义上是连续的，如果将幅度进行量化，一般为等间隔量化。在时间和幅度上都取离散值的信号称为"数字信号"，因此，离散时间信号并不等于数字信号，但由于数字信号是幅度量化的，在数学表示和推导中不如序列形式方便和容易，所以一般都采用离散时间信号来讨论数字信号处理的理论和算法，得到的结论可以简单推广到数字信号，这时仅需要考虑幅度量化带来的有限字长效应。这是研究数字信号处理时采用的普遍方法，所以，在本书中，除非特别说明，我们讨论的都是离散时间信号，也就是序列。

2.1.2　常用的基本序列

1. 单位采样序列

定义

$$\delta(n)=\begin{cases}1, & n=0 \\ 0, & n\neq 0\end{cases} \qquad (2-3)$$

$\delta(n)$ 称为单位采样序列，它的图形表示如图 2-2(a)所示。$\delta(n)$ 看起来和连续时间信号中的单位冲激信号 $\delta(t)$ 相似，它所起的作用和 $\delta(t)$ 也很相似，有时称 $\delta(n)$ 为离散冲激信号，但两者有着明显的区别，$\delta(n)$ 的定义简单而精确，是一个真实的物理信号，而 $\delta(t)$ 采用的是极限定义，是一种纯粹的数学抽象，不表示一种实际的信号。

2. 单位阶跃序列

定义

$$u(n)=\begin{cases}1, & n\geq 0 \\ 0, & n<0\end{cases} \qquad (2-4)$$

$u(n)$ 称为单位阶跃序列，它的图形表示如图 2-2(b)所示。$u(n)$ 可以表示成很多移位的 $\delta(n)$ 序列之和

$$u(n)=\sum_{k=0}^{\infty}\delta(n-k) \qquad (2-5)$$

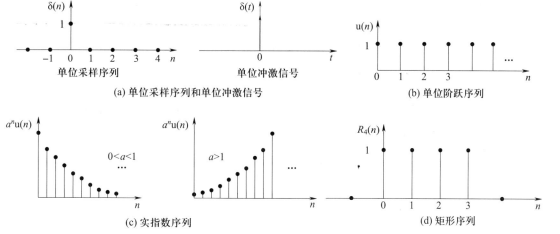

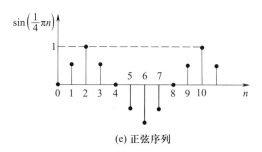

图 2-2　典型序列图

类似地，u(n)也可以用来表示移位的 δ(n)：

$$\delta(n) = u(n) - u(n-1) \tag{2-6}$$

3. 实指数序列

$$x(n) = a^n, 0 \le n < \infty \tag{2-7}$$

其中，a 为实常数，它的绝对值一般小于 1，实指数序列的图形表示如图 2-2(c)所示。

4. 矩形序列

定义

$$R_N(n) = \begin{cases} 1, & 0 \le n \le N-1 \\ 0, & \text{其他} \end{cases} \tag{2-8}$$

该序列称为矩形序列，也称作"矩形窗"，其中，N 称为窗的宽度，它的图形表示如图 2-2(d)所示。$R_N(n)$ 可以用来得到一个有限长（宽）序列，如通过式(2-9)运算可以把一个无限长或很长的序列 $x(n)$ 变成长度为 N 的序列 $x_1(n)$。

$$x_1(n) = x(n) R_N(n), 0 \le n \le N-1 \tag{2-9}$$

$x_1(n)$ 的图形表示如图 2-3 所示。

5. 正弦和余弦序列

正弦序列定义为

$$x(n) = A\sin(\omega n), -\infty < n < \infty \tag{2-10}$$

余弦序列定义为

$$x(n) = A\cos(\omega n), -\infty < n < \infty \tag{2-11}$$

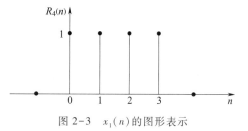

图 2-3　$x_1(n)$ 的图形表示

其中,A 为信号的增益,ω 称为序列的数字频率(或数字角频率),它是一个非常重要的概念,在序列的频域分析、离散时间系统的频率响应以及数字滤波器设计中都起着重要的作用。图 2-2(e)是一个正弦序列的图形表示。

若存在一个整数 l 和正整数 N 使得

$$x(n) = x(n+lN) \tag{2-12}$$

则称 $x(n)$ 是一个周期为 N 的周期序列,这个周期对应的数字频率为 $\omega = 2\pi/N$。下面以余弦序列为例来说明数字频率和周期的关系。

假设余弦序列可以写成

$$\cos(\omega n) = \cos[\omega(n+p)]$$
$$= \cos(\omega n + \omega p)$$

显然,只有当 $\omega p = 2\pi q$ 时,其中,p,q 均是正整数,式(2-12)才成立,即该余弦序列是一个周期序列,周期等于 p;否则,该余弦序列不是一个周期序列。

分析 $\omega p = 2\pi q$ 这一条件,可以写成

$$\frac{2\pi}{\omega} = \frac{p}{q}$$

当上式为整数或有理数时,余弦序列才是周期序列;若为无理数,就不能表示出 p,q 的整数意义,序列就不是周期序列。因此,判断一个正弦或余弦序列是否是周期序列的方法是:用它的数字频率 ω 除以 2π,若得出的是整数或有理数,则序列为周期序列;若得出的是无理数,序列就不是周期序列。例如,对序列 $\cos(0.25\pi n)$,它的数字频率为 $\omega = 0.25\pi\,\mathrm{rad}$,$2\pi/0.25\pi = 8$,序列的周期等于 8;对序列 $\cos(0.22\pi n)$,数字频率为 $\omega = 0.22\pi\,\mathrm{rad}$,$2\pi/0.22\pi = 100/11$,即 $p = 100$,$q = 11$,序列的周期为 100;对序列 $\cos(\sqrt{3}\pi n)$,它的数字频率为 $\sqrt{3}\pi\,\mathrm{rad}$,$2\pi/\sqrt{3}\pi = 2/\sqrt{3}$,为一个无理数,该序列不是周期序列。但无论序列是否为周期,我们仍把 ω 称作序列的数字频率。

下面通过对一个连续时间余弦信号采样得到的一个离散余弦序列的过程来说明模拟频率和数字频率之间的关系,进一步加深读者对数字频率概念的理解。

设模拟余弦信号为

$$x(t) = \cos(\Omega t) = \cos(2\pi f t)$$

对该 $x(t)$ 以 T 为采样间隔进行采样离散

$$x(t)\big|_{t=nT} = \cos(\Omega nT) = \cos(\Omega Tn)$$
$$= \cos(2\pi f Tn)$$

将离散后的信号表示成离散余弦序列

$$x(n) = \cos(\omega n) = \cos(\Omega Tn)$$
$$= \cos(2\pi f Tn)$$

从上面的关系式,可以发现

$$\omega = \Omega T = 2\pi f T$$

或

$$\omega = \Omega/f_s = 2\pi f/f_s$$

其中,$f_s = 1/T$,称为采样频率。该式即为数字频率 ω 和模拟频率 Ω、f 之间关系式,它们是依靠采样间隔 T 或采样频率 f_s 进行关联的。

可以得到

$$2\pi/(\Omega T) = p/q$$

整理后可得

$$p \times T = q \times (1/f)$$

上式的意义是 p 倍采样周期等于 q 倍信号周期,当 p、q 均为整数时,序列的周期是 p。

由上可以发现数字频率的如下特点:

(1) ω 是一个连续取值的量。

(2) ω 的量纲为一种角度的量纲单位:弧度(rad)。它是一种相对频率的概念,因而没有通常意义上频率的单位,它表示序列在采样间隔 T 内正弦或余弦信号变化的角度,表示了信号相对变化的快慢程度,有一定的频率概念。

(3) 序列对于 ω 是以 2π 为周期的,或者说,ω 的独立取值范围为 $[0, 2\pi)$ 或 $[-\pi, \pi)$。

对于余弦序列,有

$$\cos(\omega n) = \cos\left[(\omega + 2k\pi) n \right]$$

上式说明序列采用数字频率 ω 表示的频带范围是有限的,这一点与模拟频率 Ω 有很大区别,这也是理解数字频率的一个难点,关于 ω 的这一特点在介绍采样理论时还要详细加以阐述。

6. 复指数序列

复指数序列也称作复正弦序列,余弦序列作为它的实部,正弦序列作虚部。定义为

$$x(n) = e^{j\omega n} = \cos(\omega n) + j\sin(\omega n) \tag{2-13}$$

ω 称为复指数序列的数字频率,复指数序列在实际中不存在,它是为了数学上的表示和分析方便而引入的,它的特性和正弦或余弦序列的特性基本一致。

2.1.3 序列的基本运算

在数字信号处理系统中,基本的运算形式很简单,常用的有下列几种:

(1) 序列相加

若 $\{x(n)\} + \{y(n)\} = \{z(n)\}$,则

$$z(n) = x(n) + y(n) \tag{2-14}$$

(2) 序列数乘

若 $a\{x(n)\} = \{z(n)\}$,则

$$z(n) = ax(n) \tag{2-15}$$

其中,a 是常数。

(3) 序列移位

若 $\{x(n-n_0)\} = \{z(n)\}$,则

$$z(n) = x(n-n_0) \tag{2-16}$$

其中,n_0 为整数。

(4) 序列相乘

若 $\{x(n)\}\{y(n)\} = \{z(n)\}$,则

$$z(n) = x(n)y(n) \tag{2-17}$$

(5) 序列反转

若 $\{x(-n)\} = \{z(n)\}$,则

$$z(n) = x(-n) \tag{2-18}$$

(6) 序列卷积

若 $\{x(n)\} * \{y(n)\} = \{z(n)\}$,则

$$z(n) = \sum_{k=-\infty}^{\infty} x(k)y(n-k) \qquad (2-19)$$

其中,符号"$*$"表示一种特定的运算形式,称作"卷积"。

(7) 序列加窗

若 $\{R_N(n)\}\{x(n)\} = \{z(n)\}$,则

$$z(n) = x(n)R_N(n), n=0,1,2,\cdots,N-1 \qquad (2-20)$$

上面的几种运算中,前 3 种是最普遍、最基本的运算形式,它们可以构成数字信号处理系统中很多复杂的处理。

$\delta(n)$ 序列是一种最基本的序列,通过上面的 3 种基本运算,任何一个序列可以由 $\delta(n)$ 序列来构造,具体一点说,任何一个序列 $x(n)$ 可以表示成单位采样序列 $\delta(n)$ 的移位加权和,如下式所示:

$$x(n) = \cdots x(-2)\delta(n+2) + x(-1)\delta(n+1) + x(0)\delta(n) + x(1)\delta(n-1) + x(2)\delta(n-2) + \cdots$$

$$= \sum_{k=-\infty}^{\infty} x(k)\delta(n-k)$$

这个表达式具有普遍意义,是序列在时域的一种简单而有效的展开式,在分析线性时不变系统中起着重要作用。这种表示的意义也可以从图 2-4 中得到,图中

$$x(n) = -2\delta(n+2) + 0.5\delta(n+1) + 2\delta(n) + \delta(n-1)$$

$$+ 1.5\delta(n-2) - \delta(n-4) + 2\delta(n-5) + \delta(n-6)$$

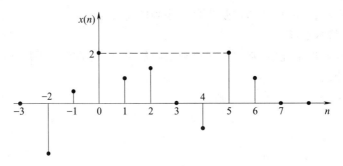

图 2-4　用单位采样序列移位加权和表示序列

2.2　离散时间系统

数字信号处理中的任何处理都是依靠系统来完成的,所以,系统是数字信号处理的核心,系统一般包括系统硬件和系统所完成的处理算法。

2.2.1　系统定义

系统在数学上定义为将输入序列 $x(n)$ 映射成输出序列 $y(n)$ 的唯一性变换或运算。这种映射是广义的,实际上表示的是一种具体的处理,或是变换,或是滤波,记为

$$y(n) = T[x(n)] \qquad (2-21)$$

其中,符号 $T[\ ]$ 表示系统的映射或处理,可以把 $T[\ ]$ 简称为系统。

系统通常可以用图形表示,如图 2-5 所示,输入 $x(n)$ 称为系统的激励,输出 $y(n)$ 称为系统的响应。由于它们均为离散时间信号,将系统 $T[\ ]$ 称为离散时间系统或时域离散系统。

给系统 $T[\ ]$ 加上各种具体的约束条件后,就可以定义各种具体的离散时间系统。例如线性、时不变、因果和稳定系统。由于线性时不变系统在数学上比较容易表征,容易进行分析、设计和实现,而且符合实际中的大多数系统模型,因此,本书将重点讨论这类系统。

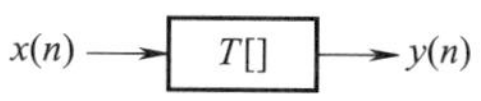

$$x(n) \longrightarrow \boxed{T[\ ]} \longrightarrow y(n)$$

图 2-5 系统的图形表示

2.2.2 线性离散时间系统

定义 满足叠加原理的系统,或满足齐次性和可加性的系统称为线性系统。

设

$$y_1(n) = T[x_1(n)], y_2(n) = T[x_2(n)]$$

对任意常数 a, b,若有

$$T[ax_1(n) + bx_2(n)] = aT[x_1(n)] + bT[x_2(n)] \qquad (2-22)$$
$$= ay_1(n) + by_2(n)$$

则称 $T[\ ]$ 为线性离散时间系统。

推广到一般情况,设

$$y_k(n) = T[x_k(n)], k = 1, 2, \cdots, N$$

则线性系统满足

$$T\left[\sum_{k=1}^{N} a_k x_k(n)\right] = \sum_{k=1}^{N} a_k T[x_k(n)] = \sum_{k=1}^{N} a_k y_k(n), 1 \leqslant k \leqslant N \qquad (2-23)$$

线性系统的特点是多个输入线性组合的系统的输出等于各输入单独作用的输出的线性组合。

2.2.3 时不变离散时间系统

定义 若满足下列条件,系统称为时不变系统或非时变系统。

设

$$y(n) = T[x(n)]$$

对任意整数 k,若满足

$$y(n-k) = T[x(n-k)] \qquad (2-24)$$

即系统的映射 $T[\ ]$ 不随时间变化,只要输入 $x(n)$ 是相同的,无论何时进行激励,输出 $y(n)$ 总是相同的,这正是系统时不变性的特征。图 2-6 形象说明了系统时不变性的概念。

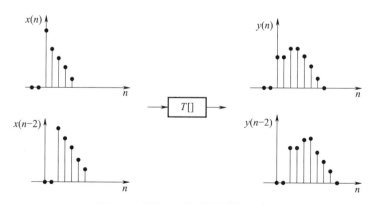

图 2-6 系统时不变性说明的示意图

【**例 2-1**】 设系统的映射 $y = T[x(n)] = nx(n)$,判断线性和时不变性。

解 设

$$y_1(n) = nx_1(n), y_2(n) = nx_2(n)$$
$$a_1 x_1(n) + a_2 x_2(n) = x(n)$$

则

$$T[x(n)] = nx(n)$$
$$= na_1 x_1(n) + na_2 x_2(n)$$
$$= a_1 y_1(n) + a_2 x_2(n)$$

所以,系统为线性系统。

设

$$y(n) = nx(n), x_1(n) = x(n-k)$$
$$y_1(n) = nx_1(n) = nx(n-k)$$

而

$$y(n-k) = (n-k)x(n-k) \neq y_1(n)$$

所以,系统为时变系统。

2.2.4 线性时不变离散系统

定义 同时具备线性和时不变性的系统称作线性时不变系统。这种系统是应用最广泛的系统,它的重要意义在于,系统的处理过程可以统一采用系统的特征描述之———单位采样响应,以一种相同的运算方式——卷积运算,进行统一的表示。这种系统还有许多优良的性能,在本书中,除非特别说明,系统一般指的是线性时不变系统。

下面通过求系统对任意输入的响应来推导线性时不变系统的一个非常重要的描述关系式,读者要注意在推导中体会线性和时不变性的作用。

任何一个信号可以表示成单位采样序列的线性组合,即

$$x(n) = \sum_{k=-\infty}^{\infty} x(k)\delta(n-k) \tag{2-25}$$

系统对 $x(n)$ 的响应为

$$y(n) = T[x(n)] = T\left[\sum_{k=-\infty}^{\infty} x(k)\delta(n-k)\right] \tag{2-26}$$

$$= \sum_{k=-\infty}^{\infty} x(k)T[\delta(n-k)]$$

设系统对单位采样序列 $\delta(n)$ 的响应为 $h(n)$,即

$$h(n) = T[\delta(n)] \tag{2-27}$$

称 $h(n)$ 为系统的"单位采样响应",它是描述系统的一个非常重要的序列。

根据时不变性,有

$$h(n-k) = T[\delta(n-k)] \tag{2-28}$$

则系统输出 $y(n)$ 可表示为

$$y(n) = \sum_{k=-\infty}^{\infty} x(k)h(n-k) \tag{2-29}$$

式(2-29)的结论非常重要,它清楚地表明:当线性时不变系统的单位采样响应 $h(n)$ 确定时,系统对任何一个输入 $x(n)$ 的响应 $y(n)$ 就确定了,$y(n)$ 可以表示成 $x(n)$ 和 $h(n)$ 之间的一种简单的运算形式。在上面的推导中,我们没有对系统的映射 $T[x(n)]$ 作任何

具体的规定,仅仅限定了是线性时不变系统,因此,式(2-29)对线性时不变系统具有普遍性意义,换句话说,该式可以正确描述线性时不变系统的输入和输出的一般关系式。

将式(2-29)的运算方式称作"离散卷积"或"离散线性卷积",简称"卷积",采用符号"*"表示,即

$$y(n) = x(n) * h(n)$$

很容易证明,式(2-29)还可以写成下列形式:

$$y(n) = \sum_{k=-\infty}^{\infty} h(k)x(n-k) \tag{2-30}$$
$$= h(n) * x(n)$$

卷积运算有明确的物理意义,在一般意义上表示了线性时不变系统对输入序列的作用或处理方式。

线性时不变系统对任何一个有意义的输入,都可以用卷积的运算方式来求解输出。这里得出的结论与模拟线性时不变系统的结论非常相似,但这里的推导完全是按照离散时间信号和系统的运算规则严格进行的,没有任何意义上的近似。除了具有理论上的意义之外,更重要的是,离散卷积是简单的运算,因此可以容易地实现系统,具有明显的实用性。因此,理解卷积的意义并熟练掌握卷积的计算是很重要的。

2.2.5 离散卷积的计算

卷积求和是数字信号处理技术中常用的一种运算,如在离散系统中,卷积是求线性时不变系统零状态响应的主要方法。它实际上是几种基本运算的综合。

给定序列 $x_1(n)$ 和 $x_2(n)$,两个序列的卷积定义为

$$x(n) = x_1(n) * x_2(n) = \sum_{m=-\infty}^{\infty} x_1(m)x_2(n-m)$$

考虑一个长度为 L 的序列 $x_1(n)$ 和另一个长度为 P 的序列 $x_2(n)$,假定我们想要通过线性卷积将这两个序列结合在一起从而得出第三个序列:

$$x_3(n) = \sum_{m=-\infty}^{\infty} x_1(m)x_2(n-m)$$

图2-7(a)所示为一个典型序列 $x_1(m)$,图2-7(b)所示为对于几个 n 值的典型序列 $x_2(n-m)$。显然,只要当 $n<0$ 和 $n>L+P-2$ 时,乘积 $x_1(m)x_2(n-m)$ 对所有的 m 均为零,即当 $0 \leq n \leq L+P-2$ 时,$x_3(n)$ 不全为0。因此,$(L+P-1)$ 是序列 $x_3(n)$ 的最大长度,这一点可由一个长度为 L 的序列和一个长度为 P 的序列的线性卷积而得出。

实际中卷积的计算一般采用解析法和图解法,或是两种方法的结合。图解法有以下几个步骤:

(1) 按照式 $y(n) = x(n) * h(n) = \sum_{m=-\infty}^{\infty} x(m)h(n-m)$,卷积运算主要是对 m 的运算,公式中的 n 作参变量。首先将 $x(n)$、$h(n)$ 中的 n 变成 m,然后将 $h(m)$ 进行翻转,形成 $h(0-m)$,此时相当于 $n=0$。

(2) 令 $n=1$,将 $h(-m)$ 移位 n,得到 $h(n-m)$。

(3) 将 $x(m)$ 和 $h(n-m)$ 对应项相乘,再相加,得到 $x(n)$。

(4) 再令 $n=2$,重复(2)、(3)步,然后 $n=3,4,\cdots$ 直到对所有的 n 都计算完为止。

下面通过举例分别说明。

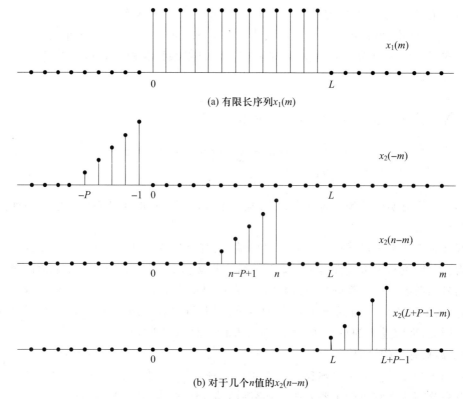

(a) 有限长序列$x_1(m)$

(b) 对于几个n值的$x_2(n-m)$

图 2-7 两个有限长序列之线性卷积的示例

【**例 2-2**】 设线性时不变系统的单位采样响应 $h(n)$ 和输入序列 $x(n)$ 如图 2-8 所示,要求画出输出 $y(n)$ 的波形。

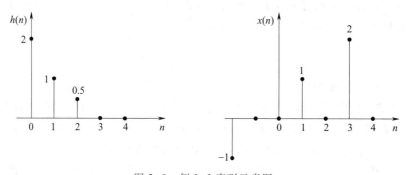

图 2-8 例 2-2 序列示意图

解 方法 1:采用图解法。

$$y(n) = x(n) * h(n) = \sum_{m=-\infty}^{\infty} x(m)h(n-m)$$

图解法的过程如图 2-9 所示。

(1) 令 $n=0$,画出 $h(-m)$,即将 $h(m)$ 进行翻转,将 $x(m)$、$h(-m)$ 两波形相同 m 的序列值对应相乘,再相加,得到 $y(0)$。

(2) 令 $n=1$,画出 $h(1-m)$,即将图 2-9(b) 的波形右移一位,将 $x(m)$、$h(1-m)$ 两波形相同 m 的序列值对应相乘,再相加,得到 $y(1)$。

（3）令 $n=2$，画出 $h(2-m)$，即将图 2-9（c）的波形右移一位，将 $x(m)$、$h(2-m)$ 两波形相同 m 的序列值对应相乘，再相加，得到 $y(2)$。

（4）令 $n=3,4,\cdots$ 重复上面的做法，得到 $y(n)$，最后画出 $y(n)$ 的波形。

该例说明图解法容易理解，但是对于复杂的波形难以应用，适应于简单波形，且得到的是用波形表示的解答，不容易得到用公式表示的解答。解析法得到的是用公式表示的解答。

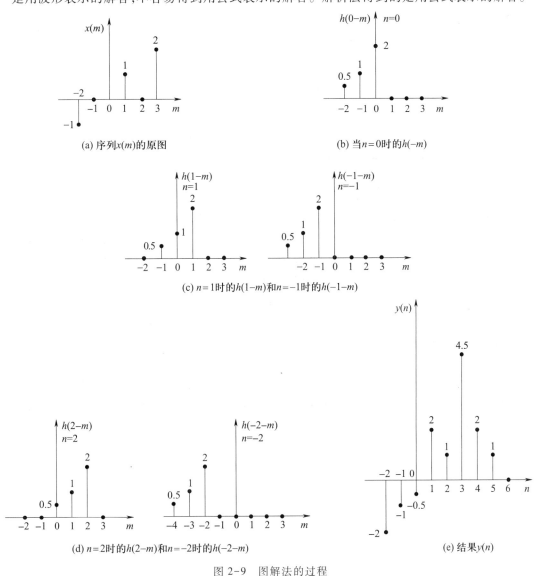

(a) 序列 $x(m)$ 的原图

(b) 当 $n=0$ 时的 $h(-m)$

(c) $n=1$ 时的 $h(1-m)$ 和 $n=-1$ 时的 $h(-1-m)$

(d) $n=2$ 时的 $h(2-m)$ 和 $n=-2$ 时的 $h(-2-m)$

(e) 结果 $y(n)$

图 2-9   图解法的过程

解析法的一般步骤如下：由于卷积的输入序列一般是因果序列，用解析法求解卷积运算主要是确定求和号的上下限。对于 $y(n)=x(n)*h(n)=\sum\limits_{m=-\infty}^{\infty}x(m)h(n-m)$ 的卷积公式，$x(m)$ 的非零区间为 $0\leqslant m\leqslant L_1$，$h(n-m)$ 的非零区间为 $0\leqslant n-m\leqslant L_2$，或者写成 $n-L_2\leqslant m\leqslant n$，这样 $y(n)$ 的非零区间要求 m 同时满足下面两个不等式：

$$\begin{cases} 0\leqslant m\leqslant L_1 \\ n-L_2\leqslant m\leqslant n \end{cases} \tag{1}$$

由式(1)表明 m 的取值还和 n 的取值有关，需要将 n 作分段的假设。按照上式，当 n 变化时，m 应该按下式取值：

$$\max\{0, n-L_2\} \leq m \leq \min\{L_2, n\}$$

当 $0 \leq n \leq L_2$ 时，m 的下限应该是 0，上限应该是 n；当 $L_2 \leq n \leq L_1+L_2$ 时，m 的下限是 $n-L_2$，上限是 L_1；当 $n<0$ 或者 $n>L_1+L_2$ 时，上面的等式不成立，因此 $y(n)=0$。这样就将 n 分成三种情况计算如下：

（1）$0 \leq n \leq L_2$ 时，$y(n) = \sum_{m=0}^{n} x(m)$

（2）$L_2 \leq n \leq L_1+L_2$ 时，$y(n) = \sum_{m=n-L_2}^{L_1} x(m)$

（3）$n<0$ 或者 $n>L_1+L_2$ 时，$y(n)=0$

下面通过举例说明。

方法 2：设 $x(n) = R_4(n)$，$h(n) = R_4(n)$，用解析法求 $y(n) = x(n) * h(n)$。

$$y(n) = \sum_{m=-\infty}^{\infty} x(m)h(n-m) = \sum_{m=-\infty}^{\infty} R_4(m)R_4(n-m) \qquad (2)$$

式(2)中，矩形序列的幅值为 1，长度为 4，求解式(2)主要根据矩形序列的非零值区间确定求和号的上、下限，$R_4(m)$ 的非零区间为 $0 \leq m \leq 3$，$R_4(n-m)$ 的非零区间为 $0 \leq n-m \leq 3$，或者写成：$n-3 \leq m \leq n$，这样 $y(n)$ 的非零区间要求 m 同时满足下面两个不等式：

$$\begin{cases} 0 \leq m \leq 3 \\ n-3 \leq m \leq n \end{cases} \qquad (3)$$

由式(3)表明 m 的取值还和 n 的取值有关，需要将 n 作分段的假设。按照式(3)，当 n 变化时，m 应该按下式取值：

$$\max\{0, n-3\} \leq m \leq \min\{3, n\}$$

当 $0 \leq n \leq 3$ 时，m 的下限应该是 0，上限应该是 n；当 $4 \leq n \leq 6$ 时，m 的下限应该是 $n-3$，上限应该是 3；当 $n<0$ 或 $n>6$ 时，上面的不等式不成立，因此 $y(n)=0$。这样将 n 分成三种情况计算如下：

（1）$n<0$ 或 $n>6$ 时，$y(n)=0$

（2）$0 \leq n \leq 3$ 时，$y(n) = \sum_{m=0}^{n} 1 = n+1$

（3）$4 \leq n \leq 6$ 时，$y(n) = \sum_{m=n-3}^{3} 1 = 7-n$

将 $y(n)$ 写成一个表达式，

$$y(n) = \begin{cases} n+1, & 0 \leq n \leq 3 \\ 7-n, & 4 \leq n \leq 6 \\ 0, & \text{其他} \end{cases}$$

【例 2-3】 证明下面两公式成立：

（1）$x(n) = x(n) * \delta(n)$；

（2）$x(n) * \delta(n-n_0) = x(n-n_0)$。

证明

（1）$x(n) * \delta(n) = \sum_{m=-\infty}^{\infty} x(m)\delta(n-m)$

式中,只有当 $n=m$ 时,$x(n)$ 才取非零值。将 $n=m$ 代入上式中,得到:$x(n) * \delta(n) = x(n)$,证明完毕。

$$(2) \quad x(n) * \delta(n-n_0) = \sum_{m=-\infty}^{\infty} x(m)\delta(n-n_0-m)$$

式中,只有当 $m=n-n_0$ 时,$x(n)$ 才取非零值。将 $m=n-n_0$ 代入上式中,得到 $x(n) * \delta(n-n_0) = x(n-n_0)$,证明完毕。

上面两个公式是非常有用的公式,第一个公式说明序列卷积单位采样序列等于序列本身,第二个公式说明序列卷积一个移位 n_0 的单位采样序列,相当于将该序列移位 n_0。

采用解析法,结合上面两个公式,按照图 2-8 写出 $x(n)$ 和 $h(n)$ 的表达式:

$$x(n) = -\delta(n+2) + \delta(n-1) + 2\delta(n-3)$$

$$h(n) = 2\delta(n) + \delta(n-1) + \frac{1}{2}\delta(n-2)$$

因为

$$x(n) * \delta(n) = x(n)$$

$$x(n) * A\delta(n-k) = Ax(n-k)$$

所以

$$y(n) = x(n) * \left[2\delta(n) + \delta(n-1) + \frac{1}{2}\delta(n-2) \right]$$

$$= 2x(n) + x(n-1) + \frac{1}{2}x(n-2)$$

将 $x(n)$ 的表达式代入上式,得到

$$y(n) = -2\delta(n+2) - \delta(n+1) - 0.5\delta(n) + 2\delta(n-1) + \delta(n-2)$$
$$+ 4.5\delta(n-3) + 2\delta(n-4) + \delta(n-5)$$

两种方法结果一致。

时域离散线性时不变系统有级联系统和并联系统,卷积运算在其中有着重要应用。

假设有两个系统,其单位采样响应分别用 $h_1(n)$ 和 $h_2(n)$ 表示,将这两个系统进行串联(或级联),第一个系统 $h_1(n)$ 的输出用 $y_1(n)$ 表示,那么根据线性时不变系统输出和输入之间的计算关系,得到:

$$y_1(n) = x(n) * h_1(n)$$

$$y(n) = y_1(n) * h_2(n)$$

$$y(n) = x(n) * h_1(n) * h_2(n)$$

由于卷积计算服从交换律,$h_1(n)$ 和 $h_2(n)$ 可以交换,得到

$$y(n) = x(n) * h_2(n) * h_1(n) \tag{2-31}$$

按照式(2-31),级联系统中,可以将两个级联的系统交换位置,此时输出不改变。如果令

$$h(n) = h_1(n) * h_2(n) \tag{2-32}$$

那么

$$y(n) = x(n) * h(n)$$

式(2-32)中,$h(n)$ 称为 $h_1(n)$ 和 $h_2(n)$ 级联后的等效系统,该等效系统的单位采样响应等于两个级联系统分别的单位采样响应的卷积。以此类推,如果有 n 个系统串联,那么它的总系统的单位采样响应等于 n 个分系统单位采样响应的卷积。

假设有两个系统,其单位采样响应分别用 $h_1(n)$ 和 $h_2(n)$ 表示,将这两个系统进行并联,令

$$h(n)=h_1(n)+h_2(n) \qquad (2-33)$$

那么

$$y(n)=x(n)*h(n)$$

式(2-33)中 $h(n)$ 就是两个系统并联的等效系统的单位采样响应,它等于两个并联系统的单位采样响应的相加。

1-1 系统并联推导

以此类推,如果有 n 个系统并联,那么它的总系统的单位采样响应等于 n 个分系统单位采样响应相加。

2.2.6 离散卷积的运算规律

离散卷积存在一些固有的数学规律,因为卷积表示系统处理的概念,所以,这些规律实际上反映了系统的不同结构的特性。在卷积运算中最基本的运算是翻转、移位、相乘和相加。其中,移位指的是左右平移,这就是称它为线性卷积的原因。下面介绍卷积运算的几个性质:

1. 交换律

$$h(n)*x(n)=x(n)*h(n) \qquad (2-34)$$

它的意义可以解释为,在对两个信号进行卷积时,可选其中任意一个信号进行翻转、平移,其选择不影响这两个信号的卷积结果。同样的,如果互换系统的单位采样响应 $h(n)$ 和输入 $x(n)$,系统的输出保持不变。

2. 结合律

$$x(n)*h_1(n)*h_2(n)=x(n)*h_2(n)*h_1(n)=x(n)*\left[h_2(n)*h_1(n)\right] \qquad (2-35)$$

它的意义可以解释为一个级联系统结构,级联顺序可以交换,或系统级联可以等效为一个系统,输出保持不变。

3. 分配律

$$x(n)*h_1(n)+x(n)*h_2(n)=x(n)*\left[h_1(n)+h_2(n)\right] \qquad (2-36)$$

它的意义可以解释为一个并联系统结构,或并联系统可以等效为一个系统,输出保持不变。

4. 与 $\delta(n)$ 卷积不变性

$$x(n)*\delta(n)=x(n) \qquad (2-37)$$

它的意义可以解释为输入通过一个零相位的全通系统。

5. 与 $\delta(n-k)$ 卷积的移位性

$$x(n)*\delta(n-k)=x(n-k) \qquad (2-38)$$

它的意义可以解释为输入通过一个线性相位的全通系统。

2.3 系统的稳定性和因果性

2.3.1 稳定性

对一般系统,稳定性的定义为:对于每一个有界输入产生一个有界输出,则称系统为稳定系统。

对于任意 n，总存在数 N、M，使得当 $|x(n)|<M$ 时，有 $|y(n)|<N$ 存在，则系统是稳定系统。

对线性时不变系统，稳定性的充要条件可以由系统的单位采样响应确定：

$$S = \sum_{n=-\infty}^{\infty} \left| h(n) \right| < \infty \qquad (2-39)$$

式(2-39)的意义是系统的单位采样响应 $h(n)$ 是绝对可和的。以下为稳定性的充分性和必要性的证明：

判断一个系统是否稳定，若为线性时不变系统，用式(2-39)的条件判断；若不是线性时不变系统，要用稳定性的一般定义判别。

1-2　稳定性的充要条件证明

2.3.2　因果性

对一般系统，因果性的定义为：如果一个系统在任意时刻的输出只取决于该时刻或该时刻之前的输入，与该时刻之后的输入没有关系，则称系统为因果系统；或者说，因果系统的输出变化不会发生在输入变化之前。反之，则是非因果系统。

因果系统通常称为"物理可实现系统"，非因果系统称为"物理不可实现系统"。与模拟系统不同的是，离散系统可以利用存储方式实现非实时的非因果系统。

对线性时不变系统，因果性的充要条件由系统的单位采样响应确定：

当 $n<0$ 时，$\qquad\qquad\qquad h(n)=0$

或

当 $n<n_0$ 时，$\qquad\qquad\qquad h(n-n_0)=0$

根据线性时不变系统的卷积关系，$n=n_0$ 时刻的输出为

$$y(n_0) = \sum_{k=-\infty}^{\infty} x(k)h(n_0-k)$$

$$= \sum_{k=-\infty}^{n_0} x(k)h(n_0-k) + \sum_{k=n_0+1}^{\infty} x(k)h(n_0-k)$$

分析式中的第 2 项，$x(k)$ 为 n_0 时刻之后的输入，当 $h(n_0-k)=0$，第 2 项为零，充分性得证；否则，要使输出与第 2 项的输入无关，$h(n_0-k)$ 必须为零，必要性得证。

将 $n<0$，$x(n)=0$ 的序列称为因果序列，显然，因果的线性时不变系统的 $h(n)$ 是一个因果序列。对离散时间系统，若无实时性要求，可以将系统设计成某种程度上的非因果系统，但非因果系统输出存在延时，非因果性越强，延时越大。

2.4　离散时间信号和系统的频域表示

前面从时域讨论了离散时间信号和离散时间系统的最基本和最重要的内容，与研究连续时间信号和系统的基本方法类似，还需要研究离散时间信号和系统的频域特性，从频域来理解信号和系统的一些重要特性，物理意义更加清晰。首先研究线性时不变系统对复指数序列或正/余弦序列的稳态响应，从中引出系统频率响应的重要概念，推广得到对序列具有普遍意义的傅里叶工具——序列傅里叶变换。在此基础上，建立关于系统频域描述的数学关系式。

2.4.1　线性时不变系统对复指数序列 $e^{j\omega n}$ 的响应

设输入 $x(n)=Ae^{j\omega n}$，$h(n)$ 为系统的单位采样响应，求得输出

$$y(n) = x(n) * h(n)$$

$$= \sum_{k=-\infty}^{\infty} h(k) x(n-k)$$

$$= A \sum_{k=-\infty}^{\infty} h(k) e^{j\omega(n-k)}$$

$$= A e^{j\omega n} \sum_{k=-\infty}^{\infty} h(k) e^{-j\omega k}$$

$$= A e^{j\omega n} H(e^{j\omega})$$

式中，$H(e^{j\omega}) = \sum_{k=-\infty}^{\infty} h(k) e^{-j\omega k}$ 是一个关于 ω 的复函数，它可以完全决定系统对复指数序列的响应。如前所述，线性时不变系统对复指数序列的响应是一个与输入序列具有相同频率的复指数序列，但输出复指数序列的幅度和相位与输入序列不同，输出幅度等于输入幅度乘以 $H(e^{j\omega})$ 的幅度，输出的相位等于输入相位加上 $H(e^{j\omega})$ 的相位。可以表达为

$$y(n) = H(e^{j\omega}) A e^{j\omega n} \qquad (2\text{-}40)$$
$$= |H(e^{j\omega})| A e^{j(\omega n + \arg[H(e^{j\omega})])}$$

式中，符号 arg 表示求解 $H(e^{j\omega})$ 的相位。因此，当一个复指数序列作用到线性时不变系统时，输出的特征完全由 $H(e^{j\omega})$ 的值决定，$H(e^{j\omega})$ 由系统的 $h(n)$ 所决定，因此，$H(e^{j\omega})$ 反映了系统对复指数序列响应的一个描述，这正是系统频域描述的概念。

式（2-40）实际上是求解复指数序列这类输入的稳态响应的一种实用而简单的方法。对于正弦和余弦序列的响应，也有相似的结论和表达式，读者可以作为练习进行推导。

2.4.2 频率响应

频率响应是描述系统特性的最重要的概念之一，无论是对模拟系统还是对离散系统，它的意义都是相似的。频率响应表示输入为正弦、余弦或复指数序列，当它们的频率变化时，系统响应的变化。频率响应是一个关于频率 ω 的复函数，同时它只和系统的参数有关。2.4.1 节里得到的 $H(e^{j\omega})$ 与频率响应的概念完全吻合，所以，对离散系统，频率响应定义如下：

$$H(e^{j\omega}) = \sum_{n=-\infty}^{\infty} h(n) e^{-j\omega n} \qquad (2\text{-}41)$$

频率响应的物理意义可以解释为：它描述了系统对不同频率的正弦、余弦和复指数序列的响应能力。当输入为正弦、余弦和复指数序列时，输出仍为相同频率的序列，唯一改变的是输出序列的幅度和相位，分别受频率响应的幅度和相位的影响。

频率响应可以分成幅度和相位两部分：

$$H(e^{j\omega}) = |H(e^{j\omega})| e^{j\arg[H(e^{j\omega})]} \qquad (2\text{-}42)$$

式中，$|H(e^{j\omega})|$ 称作幅频响应，它刻画了系统对输入幅度的影响，表示了幅度变化的倍数。$\arg[H(e^{j\omega})]$ 称作相频响应，它刻画了系统对输入相位的影响，表示了相位增加或减小的相位值。

虽然离散系统和模拟系统的频率响应意义很类似，但读者要注意 $H(e^{j\omega})$ 的如下特点：

（1）虽然讨论的是离散系统，但 $H(e^{j\omega})$ 是 ω 的连续函数；

（2）$H(\mathrm{e}^{\mathrm{j}\omega})$ 是 ω 的周期函数,周期为 2π,即

$$H[\mathrm{e}^{\mathrm{j}(\omega+2\pi k)}] = \sum_{n=-\infty}^{\infty} h(n)\mathrm{e}^{-\mathrm{j}(\omega+2\pi k)n}$$

$$= \sum_{n=-\infty}^{\infty} h(n)\mathrm{e}^{-\mathrm{j}\omega n - \mathrm{j}2\pi kn}$$

$$= \sum_{n=-\infty}^{\infty} h(n)\mathrm{e}^{-\mathrm{j}\omega n}$$

$$= H(\mathrm{e}^{\mathrm{j}\omega})$$

因此,对频率响应只需考察它的一个周期,即 $[0,2\pi)$ 或 $[-\pi,\pi)$,这一概念和数字频率的周期概念是一致的。

【例 2-4】 求单位采样响应的频率响应。

解

$$H(\mathrm{e}^{\mathrm{j}\omega}) = \sum_{n=0}^{N-1} h(n)\mathrm{e}^{-\mathrm{j}\omega n}$$

$$= \sum_{n=0}^{N-1} \mathrm{e}^{-\mathrm{j}\omega n} = \frac{1-\mathrm{e}^{-\mathrm{j}\omega N}}{1-\mathrm{e}^{-\mathrm{j}\omega}} = \frac{\mathrm{e}^{-\mathrm{j}\frac{\omega N}{2}}\left(\mathrm{e}^{\mathrm{j}\frac{\omega N}{2}}-\mathrm{e}^{-\mathrm{j}\frac{\omega N}{2}}\right)}{\mathrm{e}^{-\mathrm{j}\frac{\omega}{2}}\left(\mathrm{e}^{\mathrm{j}\frac{\omega}{2}}-\mathrm{e}^{-\mathrm{j}\frac{\omega}{2}}\right)}$$

$$= \frac{\sin\left(\dfrac{\omega N}{2}\right)}{\sin\left(\dfrac{\omega}{2}\right)}\mathrm{e}^{-\mathrm{j}\frac{N-1}{2}\omega}$$

幅频响应为

$$\left| H(\mathrm{e}^{\mathrm{j}\omega}) \right| = \left| \frac{\sin(\omega N/2)}{\sin(\omega/2)} \right|$$

相频响应为

$$\arg[H(\mathrm{e}^{\mathrm{j}\omega})] = -\frac{N-1}{2}\omega + \arg[\sin(\omega N/2)/\sin(\omega/2)]$$

图 2-10 是 $N=5$ 时矩形窗的幅频响应和相频响应。从幅频响应看,系统是一个低通滤波器,频率为 $2\pi/N$ 的整数倍点的幅频响应等于零,相频响应在这些点的突变是由于幅度出现了符号的变化,从而引入了相位 π 的变化。

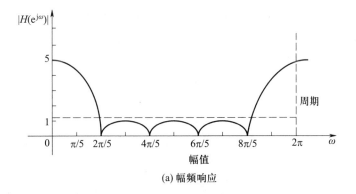

(a) 幅频响应

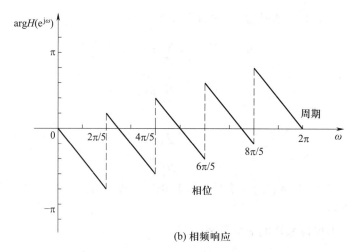

(b) 相频响应

图 2-10　$N=5$ 时矩形窗的幅频响应和相频响应

2.4.3　序列的离散时间傅里叶变换

　　系统频率响应的定义除了从理论上建立了这一重要概念外,还引入了一种新的对序列进行傅里叶分析的数学手段。离散时间傅里叶变换(DTFT)是以复指数序列$\{e^{-j\omega n}\}$的序列来表示的,其中ω是实频率变量。一个序列的离散时间傅里叶变换如果存在,那么它就是唯一的,而且原序列可以通过离散时间傅里叶逆变换运算得到。

　　序列$x(n)$的离散时间傅里叶变换$X(e^{j\omega})$定义如下:

$$X(e^{j\omega}) = \sum_{n=-\infty}^{\infty} x(n) e^{-j\omega n} \tag{2-43}$$

通常,$X(e^{j\omega})$是实变量ω的复数函数。在直角坐标系下,$X(e^{j\omega})$可表示为

$$X(e^{j\omega}) = X_{re}(e^{j\omega}) + jX_{im}(e^{j\omega})$$

式中,$X_{re}(e^{j\omega})$和$X_{im}(e^{j\omega})$分别是$X(e^{j\omega})$的实部和虚部,均为ω的实函数。在极坐标下,$X(e^{j\omega})$亦可表示为

$$X(e^{j\omega}) = |X(e^{j\omega})| e^{j\theta(\omega)}$$

其中,

$$\theta(\omega) = \arg\{X(e^{j\omega})\}$$

$|X(e^{j\omega})|$称为幅度函数,亦可称为幅度谱,$\theta(\omega)$称为相位函数,亦称相位谱,两个函数都是以ω为自变量的实函数。由极坐标形式知,如果用$\theta(\omega)+2\pi k$代替$\theta(\omega)$,其中k是任意整数,$X(e^{j\omega})$保持不变。这表明,对于任意一个离散时间傅里叶变换,相位函数是不能被唯一确定的。在本文中,除另作说明外,我们假定相位函数$\theta(\omega) \in [-\pi, \pi]$。

　　$X(e^{j\omega})$的直角坐标和极坐标形式的关系如下:

$$X_{re}(e^{j\omega}) = |X(e^{j\omega})| \cos\theta(\omega)$$

$$X_{im}(e^{j\omega}) = |X(e^{j\omega})| \sin\theta(\omega)$$

$$|X(e^{j\omega})|^2 = X_{re}^2(e^{j\omega}) + X_{im}^2(e^{j\omega})$$

$$\tan\theta(\omega) = \frac{X_{im}(e^{j\omega})}{X_{re}(e^{j\omega})}$$

　　从上述关系可以得出,对于实序列$x(n)$,$|X(e^{j\omega})|$和$X_{re}(e^{j\omega})$是ω的偶函数,而

$\theta(\omega)$ 和 $X_{\mathrm{im}}(\mathrm{e}^{\mathrm{j}\omega})$ 是 ω 的奇函数。

从定义可知,序列 $x(n)$ 的傅里叶变换 $X(\mathrm{e}^{\mathrm{j}\omega})$ 是 ω 的连续函数,同时它也是周期为 2π 的周期函数。容易证明,式(2-43)就是周期函数 $X(\mathrm{e}^{\mathrm{j}\omega})$ 的傅里叶级数表达式。因此,傅里叶系数 $x(n)$ 可以用下面给出的傅里叶积分从 $X(\mathrm{e}^{\mathrm{j}\omega})$ 中算出:

$$x(n) = \frac{1}{2\pi}\int_{-\pi}^{\pi} X(\mathrm{e}^{\mathrm{j}\omega})\mathrm{e}^{\mathrm{j}\omega n}\mathrm{d}\omega$$

上式和式(2-43)构成了一对描述 $x(n)$ 和 $X(\mathrm{e}^{\mathrm{j}\omega})$ 关系的傅里叶工具。把这组公式和概念推广到一般的序列,就可以建立对序列进行离散时间傅里叶分析的一组公式,即

$$\begin{cases} X(\mathrm{e}^{\mathrm{j}\omega}) = \sum_{n=-\infty}^{\infty} x(n)\mathrm{e}^{-\mathrm{j}\omega n} \\ x(n) = \frac{1}{2\pi}\int_{-\pi}^{\pi} X(\mathrm{e}^{\mathrm{j}\omega})\mathrm{e}^{\mathrm{j}\omega n}\mathrm{d}\omega \end{cases} \tag{2-44}$$

式(2-44)称作序列的离散时间傅里叶变换,它具有傅里叶变换的一般物理意义。其中第一式称作分析式,$X(\mathrm{e}^{\mathrm{j}\omega})$ 表示了序列 $x(n)$ 中不同频率的正弦信号所占比重的相对大小,具有分析作用;第二式表示序列 $x(n)$ 是由不同频率的正弦信号线性叠加构成,具有综合作用,称作综合式。我们也可以将第一式称作傅里叶正变换,第二式称作傅里叶反变换。

根据级数理论,序列傅里叶变换存在,也就是级数求和收敛的充分条件是

$$\sum_{n=-\infty}^{\infty} |x(n)| < \infty$$

即序列 $x(n)$ 是绝对可和的。对系统而言,当它是稳定系统时,系统频率响应是存在的,条件为

$$\sum_{n=-\infty}^{\infty} |h(n)| < \infty$$

表 2-1 列出了常用的离散时间傅里叶变换对。

表 2-1　常用的离散时间傅里叶变换对

序列	离散时间傅里叶变换
$\delta(n)$	1
1	$\sum_{k=-\infty}^{\infty} 2\pi\delta(\omega+2\pi k)$
$u(n)$	$\frac{1}{1-\mathrm{e}^{-\mathrm{j}\omega}} + \sum_{k=-\infty}^{\infty} \pi\delta(\omega+2\pi k)$
$\mathrm{e}^{\mathrm{j}\omega_0 n}$	$\sum_{k=-\infty}^{\infty} 2\pi\delta(\omega-\omega_0+2\pi k)$
$\alpha^n u(n), |\alpha|<1$	$\frac{1}{1-\alpha\mathrm{e}^{-\mathrm{j}\omega}}$

2.4.4　描述系统输入和输出关系的频域方法

卷积关系式是从时域描述线性时不变系统输入和输出关系的一个基本关系式,这一关系式中的核心是系统的单位采样响应 $h(n)$。相应地,应该从频域建立系统的输入和输出关系式,即建立 $X(\mathrm{e}^{\mathrm{j}\omega})$、$Y(\mathrm{e}^{\mathrm{j}\omega})$ 和 $H(\mathrm{e}^{\mathrm{j}\omega})$ 三者的关系式。请读者注意,在下面的推导

中,我们利用了序列可以表示为复指数序列叠加这一极为重要的特点,并且考虑了系统的叠加原理和对复指数序列响应是系统频率响应的特点,推导出了线性时不变系统的频域关系式。

设系统输入 $x(n)$ 的傅里叶变换存在,即有

$$x(n) = \frac{1}{2\pi} \int_{-\pi}^{\pi} X(e^{j\omega}) e^{j\omega n} d\omega$$

这一步极为重要,它将序列表示为复指数序列的叠加,而 $H(e^{j\omega})$ 就表示了系统对复指数序列的响应,$x(n)$ 中的各复指数分量为 $X(e^{j\omega}) e^{j\omega n}$,它的响应为 $H(e^{j\omega}) X(e^{j\omega}) e^{j\omega n}$,根据叠加原理,各分量的响应的叠加(积分)就是总的响应。

即

$$y(n) = \frac{1}{2\pi} \int_{-\pi}^{\pi} X(e^{j\omega}) e^{j\omega n} H(e^{j\omega}) d\omega$$

$$= \frac{1}{2\pi} \int_{-\pi}^{\pi} X(e^{j\omega}) H(e^{j\omega}) e^{j\omega n} d\omega$$

根据 $y(n)$ 和 $Y(e^{j\omega})$ 的关系

$$y(n) = \frac{1}{2\pi} \int_{-\pi}^{\pi} Y(e^{j\omega}) e^{j\omega n} d\omega$$

可得

$$Y(e^{j\omega}) = X(e^{j\omega}) H(e^{j\omega}) \tag{2-45}$$

式(2-45)就是描述线性时不变系统输入和输出关系的频域表达式,它是卷积关系式在频域的反映,频域描述的物理意义更直观,特别是对滤波器,很容易理解滤波的作用。

对卷积表达式两边作序列离散时间傅里叶变换,容易得到相同的关系式,但上面的推导方法更加突出了系统频率响应的物理概念。

系统时域和频域描述的关系可以表示为

$$h(n) * x(n) \leftrightarrow H(e^{j\omega}) X(e^{j\omega}) \tag{2-46}$$

该式也称作时域卷积定理,相应地,也有频域卷积定理,关系式为

$$x(n) h(n) \leftrightarrow X(e^{j\omega}) * H(e^{j\omega}) \tag{2-47}$$

式中,

$$X(e^{j\omega}) * H(e^{j\omega}) \leftrightarrow \frac{1}{2\pi} \int_{-\pi}^{\pi} X(e^{j\theta}) H[e^{j(\omega-\theta)}] d\theta$$

这表明,在时域中两函数的乘积,对应于在频域中两频谱函数卷积积分的 $\frac{1}{2\pi}$ 倍。

2.5　序列的离散时间傅里叶变换的性质

很多离散时间傅里叶变换的重要性质在数字信号处理应用中是非常有用的。任一信号可以有两种描述方法:时域描述和频域描述。本节将研究在某一域中对序列进行的某种运算在另一域中所引起的效应。

设序列 $g(n)$ 和 $h(n)$ 的离散时间傅里叶变换分别记为 $G(e^{j\omega})$ 和 $H(e^{j\omega})$,它们的关系可记为

$$g(n) \leftrightarrow G(e^{j\omega}), h(n) \leftrightarrow H(e^{j\omega})$$

1. 线性性质

$$\alpha g(n) \pm \beta h(n) \leftrightarrow \alpha G(e^{j\omega}) \pm \beta H(e^{j\omega})$$

其中,α 和 β 为任意常数。

线性性质有两层含义:

(1) 齐次性。它表明,若序列 $g(n)$ 乘以常数 α (即序列增大 α 倍),则其频谱函数也乘以相同的常数 α (即其频谱函数也增大 α 倍)。

(2) 可加性。它表明,几个序列之和的频谱等于各个序列的频谱函数之和。

2. 对称性

序列的离散时间傅里叶变换有很多对称性质。

共轭对称序列 $x_e(n)$ 定义为

$$x_e(n) = x_e^*(-n) \tag{2-48}$$

若 $x_e(n)$ 为实序列,则 $x_e(n)$ 是偶对称序列。

共轭反对称序列 $x_o(n)$ 定义为

$$x_o(n) = -x_o^*(-n) \tag{2-49}$$

若 $x_o(n)$ 为实序列,则 $x_o(n)$ 是奇对称序列。

任何一个序列 $x(n)$ 可以分解成 $x_e(n)$ 和 $x_o(n)$ 之和,即

$$x(n) = x_e(n) + x_o(n) \tag{2-50}$$

其中,

$$x_e(n) = [x(n) + x^*(-n)]/2$$
$$x_o(n) = [x(n) - x^*(-n)]/2$$

同理有

$$X(e^{j\omega}) = X_e(e^{j\omega}) + X_o(e^{j\omega}) \tag{2-51}$$

其中,

$$X_e(e^{j\omega}) = [X(e^{j\omega}) + X^*(e^{-j\omega})]/2$$
$$X_o(e^{j\omega}) = [X(e^{j\omega}) - X^*(e^{-j\omega})]/2$$

序列 $x(n)$ 和 $X(e^{j\omega})$ 有以下重要的性质:

若

$$x(n) \leftrightarrow X(e^{j\omega})$$

则

$$\begin{cases} x^*(n) \leftrightarrow X^*(e^{j\omega}) \\ \text{Re}[x(n)] \leftrightarrow X_e(e^{j\omega}) \\ j\text{Im}[x(n)] \leftrightarrow X_o(e^{j\omega}) \\ x_e(n) \leftrightarrow \text{Re}[x(n)] \\ x_o(n) \leftrightarrow j\text{Im}[x(n)] \end{cases} \tag{2-52}$$

若 $x(n) = x^*(n)$,即 $x(n)$ 为实序列,则有

$$X(e^{j\omega}) = X^*(e^{-j\omega}) \tag{2-53}$$

即 $X(e^{j\omega})$ 是共轭偶对称的,它等效为 $X(e^{j\omega})$ 的幅度是偶函数,相位是奇函数;$X(e^{j\omega})$ 的实部是偶函数,虚部是奇函数,关系如下式:

$$|X(e^{j\omega})| = |X^*(e^{-j\omega})|$$

$$\arg\left[X(e^{j\omega})\right] = -\arg\left[X^*(e^{-j\omega})\right]$$

或

$$\operatorname{Re}\left[X(e^{j\omega})\right] = \operatorname{Re}\left[X^*(e^{-j\omega})\right]$$
$$\operatorname{Im}\left[X(e^{j\omega})\right] = -\operatorname{Im}\left[X^*(e^{-j\omega})\right]$$

3. 时移特性

时移特性也称为延时特性。表示为

$$g(n \pm n_0) \leftrightarrow e^{\pm j\omega n_0} G(e^{j\omega}) \tag{2-54}$$

式中，n_0 为常数，式(2-54)表示，在时域中序列沿时间轴右移(即延时)n_0，其在频域中所有频率"分量"相应落后一相位 ωn_0，而其幅度保持不变。

4. 频移特性

频移特性也称为调制特性。表示为

$$e^{\pm j\omega n_0} g(n \pm n_0) \leftrightarrow G(e^{j(\omega \mp \omega_0)}) \tag{2-55}$$

式中，ω_0 为常数。式(2-55)表示，将序列 $g(n)$ 乘以因子 $e^{j\omega_0 n}$，对应于将频谱函数沿 ω 轴右移 ω_0；将序列 $g(n)$ 乘以因子 $e^{-j\omega_0 n}$，对应于将频谱函数沿 ω 轴左移 ω_0。

5. 频域微分

频域微分特性可表示为

$$ng(n) \leftrightarrow j\frac{dG(e^{j\omega})}{d\omega}$$

频域微分结果可用频域卷积定理来证明。

6. 卷积定理

卷积定理在信号处理中占有重要地位。它说明的是两序列在时域(或频域)中的卷积积分对应于在频域(或时域)中的两者的傅里叶变换(或逆变换)应具有的关系。

(1) 时域卷积定理

时域卷积定理可表示为

$$g(n) * h(n) \leftrightarrow G(e^{j\omega}) H(e^{j\omega})$$

表明在时域中两序列的卷积积分对应于在频域中两个序列频谱的乘积。

(2) 频域卷积定理

频域卷积定理可表示为

$$g(n) \cdot h(n) \leftrightarrow \frac{1}{2\pi} G(e^{j\omega}) * H(e^{j\omega})$$

其中，$G(e^{j\omega}) * H(e^{j\omega}) = \int_{-\pi}^{\pi} G(e^{j\theta}) H[e^{j(\omega-\theta)}] d\theta$。此式表明，在时域中两个序列的乘积对应于在频域中频谱的卷积积分的 $\dfrac{1}{2\pi}$ 倍。

7. 帕塞瓦尔(Parseval)定理

帕塞瓦尔定理可表示为

$$\sum_{n=-\infty}^{\infty} g(n) h^*(n) = \frac{1}{2\pi} \int_{-\pi}^{\pi} G(e^{j\omega}) H^*(e^{j\omega}) d\theta$$

该式的一个重要应用就是可以用来计算有限能量序列的能量。有限能量序列 $g(n)$ 的总能量为

$$\varepsilon_g = \sum_{n=-\infty}^{\infty} |g(n)|^2$$

如果 $h(n) = g(n)$，由帕塞瓦尔定理可得

$$\varepsilon_g = \sum_{n=-\infty}^{\infty} |g(n)|^2 = \frac{1}{2\pi} \int_{-\pi}^{\pi} |G(e^{j\omega})|^2 d\omega$$

因此序列 $g(n)$ 的能量可以通过求右边的积分得到。设

$$S_{gg} = |G(e^{j\omega})|^2$$

称为序列 $g(n)$ 的能量密度谱。积分曲线下的区域面积就是这个序列的能量，该曲线积分范围是以 2π 为间隔划分的，$-\pi \leqslant \omega \leqslant \pi$。

2.6 连续时间信号的采样

本节主要讨论对连续时间信号进行均匀采样过程中引起的信号频谱特征变化，采样频率的选择、采样定理以及信号恢复等问题。

2.6.1 采样的基本概念

从原理上说，采样器就是一个开关，通过控制开关的接通和断开来实现信号的采样，它的概念如图 2-11 所示。

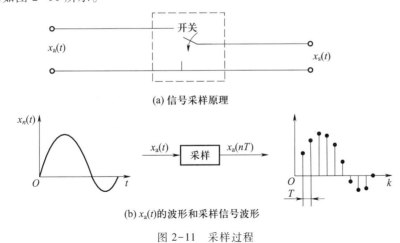

(a) 信号采样原理

(b) $x_a(t)$ 的波形和采样信号波形

图 2-11 采样过程

图 2-11(a) 中的采样在数学上等效为下列运算

$$x_s(t) = x_a(t) \cdot s(t)$$

其中，$s(t)$ 是一个开关函数，$x_a(t)$ 是原信号，$x_s(t)$ 是采样后的信号。理想采样情况下，$s(t)$ 是无限多项单位冲激信号 $\delta(t)$ 等间隔构成的一个单位冲激串，即

$$s(t) = \delta_T(t) = \sum_{n=-\infty}^{\infty} \delta(t - nT)$$

其中，T 是采样间隔，则

$$x_s(t) = x_a(t)\delta_T(t) = x_a(t) \sum_{n=-\infty}^{\infty} \delta(t - nT)$$

$$= \sum_{n=-\infty}^{\infty} x_a(nT)\delta(t - nT)$$

其中,$\delta_T(t-nT)$ 只在 $t=nT$ 时不为零,因而 $x_s(t)$ 只在这些点上才有定义的值,为 $x_a(nT)$,可见采样的结果是使原来的模拟信号变成为在 $t=0,\pm T,\pm 2T,\cdots$ 这些点上的离散信号。这就是采样的简单原理,在本书中对采样的讨论都是基于这种理想的均匀采样。

2.6.2 采样过程中频谱的变化

连续时间信号被采样后,它的频谱要发生显著变化,通过对这种变化的分析以及得到的结论,可以建立离散时间信号不失真的确定条件,并且对深入理解序列傅里叶变换、数字频率的周期性特点有较大帮助。

周期信号 $\delta_T(t)$ 可以进行傅里叶级数展开,如下式

$$\delta_T(t) = \sum_{k=-\infty}^{\infty} A_k \mathrm{e}^{jk\frac{2\pi}{T}t} \tag{2-56}$$

式中,T 是采样间隔,也是 $\delta_T(t)$ 中基频分量对应的周期;A_k 是展开系数,表示第 k 次谐波分量的相对比例大小,可以求解出

$$A_k = \frac{1}{T}\int_{-\frac{T}{2}}^{\frac{T}{2}} \delta_T(t)\,\mathrm{e}^{-jk2\pi f_s t}\,\mathrm{d}t \tag{2-57}$$

式中,$f_s = 1/T$,是 $\delta_T(t)$ 的基波频率,同时也是采样频率。令 $\Omega_s = \dfrac{2\pi}{T}$,可求得 A_k 为

$$A_k = \frac{1}{T}\int_{-\frac{T}{2}}^{\frac{T}{2}} \delta(t)\,\mathrm{e}^{-jk\Omega_s t}\,\mathrm{d}t\,\Big|_{t=0}$$

$$= \frac{1}{T}\int_{-\frac{T}{2}}^{\frac{T}{2}} \delta(t)\,\mathrm{d}t$$

$$= \frac{1}{T}$$

$\delta_T(t)$ 等效为

$$\delta_T(t) = \frac{1}{T}\sum_{k=-\infty}^{\infty} \mathrm{e}^{jk\Omega_s t}$$

因此

$$x_s(t) = x_a(t)\frac{1}{T}\sum_{k=-\infty}^{\infty} \mathrm{e}^{-jk\Omega_s t} \tag{2-58}$$

式(2-58)表示 $x_s(t)$ 是无限多个载波 $\mathrm{e}^{-jk\Omega_s t}$ 被 $x_a(t)$ 调制之和,从频域变化来看,$x_a(t)$ 的频谱被搬移到无限多个频率点,这些频率点是 $f=kf_s,k=0,\pm 1,\pm 2\cdots$,所以 $x_s(t)$ 的频谱就变成了周期函数,周期等于 f_s,下面进行详细推导。

$$X_s(\mathrm{j}\Omega) = \int_{-\infty}^{\infty} x_s(t)\,\mathrm{e}^{-\mathrm{j}\Omega t}\,\mathrm{d}t$$

$$= \frac{1}{T}\sum_{k=-\infty}^{\infty}\int_{-\infty}^{\infty} x_a(t)\,\mathrm{e}^{-\mathrm{j}(\Omega-k\Omega_s)t}\,\mathrm{d}t$$

$$= \frac{1}{T}\sum_{k=-\infty}^{\infty} X_a(\mathrm{j}\Omega - \mathrm{j}k\Omega_s)$$

$$= \frac{1}{T}\sum_{k=-\infty}^{\infty} X_a\left(\mathrm{j}\Omega - \mathrm{j}k\frac{2\pi}{T}\right)$$

上式表明了信号采样前后傅里叶变换的关系,也清楚地揭示了频谱在采样过程中发生了

怎样的变化,是一个非常重要的结论。

分析式(2-58),$x_s(t)$ 与 $x_a(t)$ 的频谱比较,主要的变化是:它的频谱变成了周期的,即 $X_s(j\Omega)$ 是周期函数,周期为 Ω_s,也就是说,离散时间信号的频谱是连续时间信号频谱以采样频率为周期进行无限项周期延拓的结果,这是信号采样带来的最重要的变化。另一点变化是频谱幅度变为原来幅度的 $1/T$。图 2-12 表示了这种频谱的变化。

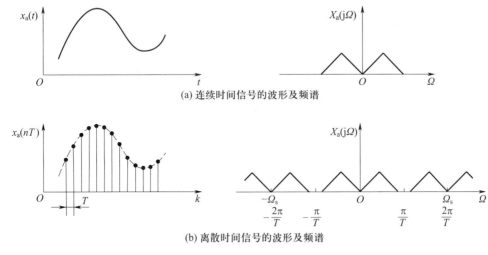

(a) 连续时间信号的波形及频谱

(b) 离散时间信号的波形及频谱

图 2-12　理想采样信号的频谱

这里采用 $x_s(t)$ 表示采样以后的离散时间信号,实际上与我们前面定义的信号 $x(nT)$ 和序列 $x(n)$ 在本质上是一样的,只是在表示的方式上有所不同。前面介绍数字频率和序列傅里叶变换时,已经指出它们的周期等于 2π,实际上,只要将 $X_s(j\Omega)$ 中的 Ω,按照它和 ω 的关系 $\omega = \Omega/f_s$,换成 ω,$X_s(j\Omega)$ 就是对应的序列傅里叶变换 $X(e^{j\omega})$,周期等于 $\Omega_s/f_s = 2\pi$。因此,可以从采样过程的频谱变化理解数字频率和数字频谱的周期性。另外,从频谱之间的关系可以分析采样失真和如何选择采样频率等重要问题。

2.6.3　低通信号采样定理

设 $x_a(t)$ 表示一个带限的低通模拟信号,最高频率分量为 f_{max},它的频谱为 $X_a(j\Omega)$,如图 2-13 所示。

对该信号以采样频率 f_s 进行采样,根据 2.6.2 节的讨论,采样后的离散时间信号的频谱 $X_s(j\Omega)$ 变成了以 f_s 为周期的周期频谱,显然,在这种情况下,$X_s(j\Omega)$ 和 $X_a(j\Omega)$ 包含的信息是相同的,或者说,采样后的离散信号能完全表示原来的模拟信号。

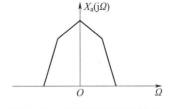

图 2-13　带限的低通模拟信号

若 $f_s < 2f_{max}$,这时周期频谱的各周期出现了混叠,造成实际的周期频谱的一个周期不等于原信号的频谱,也就是说,采样以后,信号出现了失真。

采样失真可以通过折叠频率来描述,折叠频率定义为采样频率的一半,即 $f_s/2$,超过折叠频率的信号实际上混叠到低于折叠频率的部分中。因此,在离散信号的频谱中,不但不能正确表示出原信号中超过折叠频率的信号成分,而且还会对低于折叠频率的信号成分带来混叠,除非超过折叠频率的信号成分为零,这时不存在混叠失真,因而,离散信号所能正确表示的最高信号频率不超过折叠频率。很显然,当信号是理想带限信号时,采样频率是决定是否发生失真及失真大小的一个重要参数。下面的采样定理给出了采样时关于采样频率选择的重要条件。

采样定理 对一个低通带限信号进行均匀理想采样,如果采样频率大于等于信号最高频率的两倍,则采样后的信号可以精确地重建原信号。可以表示为

$$f_s \geq 2f_{max} \text{ 或 } T_s \leq \frac{1}{2f_{max}} \qquad (2\text{-}59)$$

式中,$f_s = 1/T$,f_{max} 是信号的最高频率。

$f = 2f_{max}$ 时的采样频率称为临界采样频率或奈奎斯特采样频率。

采样定理解决的不是信号如何恢复的问题,而是为实际中正确选择采样频率提供了理论上的选择依据。理论上讲,对于带限信号,无论信号的最高频率多高,只要满足采样定理,采样就不会带来失真。但实际上,采样频率不能选得太高,一方面是由于采样器件的限制;另一方面实际中信号都不是理想带限的,无论选择多高的采样频率都会有混叠失真。实际信号中有用成分的频率并不高,频率很高的成分可能是噪声或无用信号,采样频率没有必要按这些频率来选取,因此可以大大降低对采样频率的要求。但为了避免折叠频率以上的信号产生失真,采样系统在采样前先进行一个模拟低通滤波处理,它的作用是滤除折叠频率以上的成分,使信号的带限性能变好,尽量减小后续采样所带来的混叠失真,所以,这个模拟低通滤波器被称为抗混叠滤波器。这一概念已在第一章中简单叙述。

这里的采样定理是关于低通信号的采样,对于带通信号,采样频率的选择有所不同,2.6.5 节将进行介绍。

2.6.4 信号恢复

当满足采样定理的条件时,可以推导出从离散时间信号恢复原来的模拟信号的内插公式。先从频域分析入手,已知采样后的信号的频谱在一个周期里可以表示为

$$X_s(j\Omega) = \frac{1}{T}X_a(j\Omega), \ |\Omega| < \pi/T$$

因此,只要设计一个截止频率为 π/T 的理想低通滤波器,就可以恢复原信号的频谱 $X_a(j\Omega)$。设理想低通滤波器的频率响应为

$$H(j\Omega) = \begin{cases} T, & |\Omega| < \pi/T \\ 0, & |\Omega| \geq \pi/T \end{cases}$$

根据模拟系统的频域描述理论,有

$$Y(j\Omega) = X_s(j\Omega)H(j\Omega) \qquad (2\text{-}60)$$

所以,$Y(j\Omega)$ 将等于原信号的频谱 $X_a(j\Omega)$,因此,从频域滤波的概念容易理解信号的恢复问题。

设滤波器的单位冲激响应为

$$h(t) = \frac{1}{2\pi}\int_{-\infty}^{\infty} H(j\Omega)e^{j\Omega t}d\Omega$$

$$= \frac{T}{2\pi}\int_{-\frac{\Omega_s}{2}}^{\frac{\Omega_s}{2}} e^{j\Omega t}d\Omega$$

$$= \frac{\sin(\Omega_s t/2)}{\Omega_s t/2}$$

$$= \frac{\sin\left(\dfrac{\pi}{T}t\right)}{\dfrac{\pi}{T}t}$$

滤波器的输出为

$$y(t) = x_a(t) = \sum_{k=-\infty}^{\infty} x_s(kT) h(t-kT)$$

$$= \sum_{k=-\infty}^{\infty} x_s(kT) \frac{\sin\left[\dfrac{\pi}{T}(t-kT)\right]}{\dfrac{\pi}{T}(t-kT)} \qquad (2-61)$$

$$= \sum_{k=-\infty}^{\infty} x_s(kT) \varphi_k(t)$$

式中，$\varphi_k(t)$ 称为内插函数，它是一个关于 t 的连续函数，关于 k 的离散函数，称为信号恢复的内插公式，其中，$\varphi_k(t)$ 为

$$\varphi_k(t) = \frac{\sin\left[\dfrac{\pi}{T}(t-kT)\right]}{\dfrac{\pi}{T}(t-kT)} \qquad (2-62)$$

$\varphi_k(t)$ 有一个重要的特点：在采样点 $n=k$ 时，$\varphi_k(t)=1$；在其他采样点 $n \neq k$，$\varphi_k(t)=0$，即在当前的采样点上，$x_s(nT)$ 和 $x_a(t)$ 完全相等。在采样点之间，$x_a(t)$ 是由无限多个 $\varphi_k(t)$ 被相应的采样值 $x_s(kT)$ 作加权系数的线性组合构成，图 2-14 是该过程的示意图。当 $x_a(t)$ 是低通带限信号且采样频率满足采样定理的条件时，这种用内插函数 $\varphi_k(t)$ 恢复的信号是精确的。

由于所要求的理想低通滤波器是无法实现的，实际中也就无法完全精确地恢复原信号，例如，数模转换器（D/A）是一个非理想的低通滤波器，它恢复的模拟信号是近似的。

2.6.5 窄带信号采样定理

所谓窄带信号就是信号带宽远远小于它的中心频率的信号。窄带信号是通信、雷达等无线电系统中最常用的信号模型。

设窄带信号的数学模型为

$$x(t) = a(t)\cos\left[2\pi f_0 t + \varphi(t)\right]$$

式中，$a(t)$、$\varphi(t)$ 是低频信号，其最高频率远远小于 f_0，它们通常携带有信息，分别被调制在频率为 f_0 的载波的幅度和相位上。可以将 $x(t)$ 进一步写成：

$$x(t) = a(t)\cos(2\pi f_0 t)\cos\varphi(t) - a(t)\sin(2\pi f_0 t)\sin\varphi(t) \qquad (2-63)$$

$$= a_c(t)\cos(2\pi f_0 t) - a_s(t)\sin(2\pi f_0 t)$$

其中

$$a_c(t) = a(t)\cos\varphi(t)$$

$$a_s(t) = a(t)\sin\varphi(t)$$

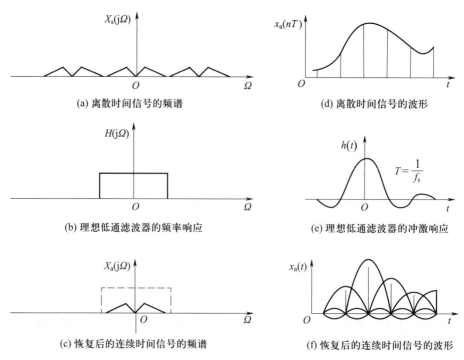

(a) 离散时间信号的频谱

(d) 离散时间信号的波形

(b) 理想低通滤波器的频率响应

(e) 理想低通滤波器的冲激响应

(c) 恢复后的连续时间信号的频谱

(f) 恢复后的连续时间信号的波形

图 2-14 采样信号的恢复

　　窄带信号的典型频谱如图 2-15 所示。图中的 f_0 为窄带信号的中心频率,f_B 为窄带信号的带宽,一般有 $f_0 \gg f_B$。若对窄带信号进行采样,按照低通信号采样定理,采样频率应大于等于信号最高频率的二倍。上述窄带信号的最高频率等于 $f_0 + f_B/2$,因此,采样频率 f_s 必须满足:$f_s \geqslant 2(f_0 + f_B/2)$,才能保证采样后信号不失真,但由于 f_0 较大,因此 f_s 也较大,对实际系统的采样提出了较高的要求。实际上,仔细分析窄带信号的频谱,它的有用信号集中在 $f_0 - f_B/2 \sim f_0 + f_B/2$ 的频段内,而在相当大的一段频率域 $f = 0 \sim f_0 - f_B/2$ 范围内没有任何信号信息。如果以一个较低的采样频率采样(不满足低通采样定理),采样后信号频谱的各个周期必然发生混叠,但由于大部分频谱为零,窄带的有用信号频谱发生混叠的可能性较小,只要采样频率选得合适,可以避免有用信号频谱的混叠失真,因而能够大大降低采样频率。下面我们就来讨论窄带信号的采样定理。

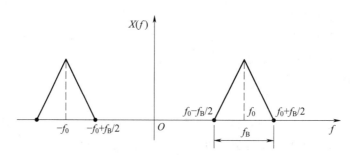

图 2-15 窄带信号的典型频谱

　　设信号 $x_a(t)$ 的最高频率是带宽的整数倍,即

$$f_0 + f_B/2 = kf_B, \quad k \text{ 为正整数} \tag{2-64}$$

令 $f_s = 2f_B$，即选择采样频率等于两倍的带宽。用此采样频率对窄带信号进行采样，可得

$$x(nT_s) = a_c(nT_s)\cos(2\pi f_0 nT_s) - a_s(nT)\sin\frac{n\pi(2k-1)}{2} \tag{2-65}$$

式中，$f_s = 1/T_s$。当 n 为偶数时，即 $n = 2m$，上式为

$$x(2mT_s) = a_c(2mT_s)\cos(2k-1)m\pi = (-1)^m a_c(2mT_s) \tag{2-66}$$

当 n 为奇数时，即 $n = 2m-1$，可得

$$x(2mT_s - T_s) = a_s(2mT_s - T_s)(-1)^{m+k+1} \tag{2-67}$$

这样，对 $x(t)$ 采样后的偶序号部分对应 $a_c(t)$ 的采样，奇序号部分对应 $a_s(t)$ 的采样，它们都属于低通信号。

令 $T_1 = 2T_s = \dfrac{1}{f_B}$，$T_1$ 为对应低通信号 $a_c(t)$ 和 $a_s(t)$ 的采样间隔，式(2-66)和式(2-67)可写成

$$x(mT_1) = (-1)^m a_c(mT_1) \tag{2-68}$$

$$x(mT_1 - T_1/2) = (-1)^{m+k+1} a_s(mT_1 - T_1/2) \tag{2-69}$$

依据低通信号采样理论的信号恢复公式，采样值 $a_c(mT_1)$ 和 $a_s(mT_1 - T_1/2)$ 首先可以分别被用来重建低通信号 $a_c(t)$ 和 $a_s(t)$，即有

$$a_c(t) = \sum_{m=-\infty}^{\infty} a_c(mT_1)\frac{\sin[\pi(t-mT_1)/T_1]}{\pi(t-mT_1)/T_1}$$

$$a_s(t) = \sum_{m=-\infty}^{\infty} a_s(mT_1 - T_1/2)\frac{\sin[\pi(t-mT_1+T_1/2)/T_1]}{\pi(t-mT_1+T_1/2)/T_1}$$

$x(t)$ 可以用 $a_c(t)$ 和 $a_s(t)$ 表示，即

$$\begin{aligned}
x(t) &= a_c(t)\cos(2\pi f_0 t) - a_s(t)\sin(2\pi f_0 t) \\
&= \sum_{m=-\infty}^{\infty} a_c(mT_1)\frac{\sin[\pi(t-mT_1)/T_1]}{\pi(t-mT_1)/T_1}\cos(2\pi f_0 t) \\
&\quad - \sum_{m=-\infty}^{\infty} a_s(mT_1 - T_1/2)\frac{\sin[\pi(t-mT_1+T_1/2)/T_1]}{\pi(t-mT_1+T_1/2)/T_1}\sin(2\pi f_0 t)
\end{aligned}$$

将 $a_c(mT_1)$、$a_s(mT_1 - T_1/2)$ 换成 $x(mT_1)$ 及 $x(mT_1 - T_1/2)$，再将 T_1 换成 $2T_s$，得

$$\begin{aligned}
x(t) = \sum_{m=-\infty}^{\infty} \Bigg\{ &(-1)^m x(2mT_s)\frac{\sin[\pi(t-2mT_s)/2T_s]}{\pi(t-2mT_s)/2T_s}\cos(2\pi f_0 t) \\
&+ (-1)^{m+k} x(2mT_s - T_s)\frac{\sin[\pi(t-2mT_s+T_s)/2T_s]}{\pi(t-mT_s+T_s)/2T_s}\sin(2\pi f_0 t) \Bigg\}
\end{aligned}$$

因为

$$(-1)^m \cos(2\pi f_0 t) = \cos 2\pi f_0(t - 2mT_s)$$

$$(-1)^{m+k} \sin(2\pi f_0 t) = \cos 2\pi f_0(t - 2mT_s + T_s)$$

将偶序号和奇序号的 m 合在一起，可得

$$x(t) = \sum_{m=-\infty}^{\infty} x(mT_s)\frac{\sin[\pi(t-mT_s)/2T_s]}{\pi(t-mT_s)/2T_s}\cos[2\pi f_0(t-mT_s)] \tag{2-70}$$

式中，$T_s = 1/f_s = 1/2f_B$，该式正是我们所希望的结果。它指出，对窄带信号 $x(t)$，当上限频率正好是带宽的整数倍时，采样频率 f_s 只要等于 2 倍的带宽频率 f_B，就可以由 $x(n)$ 重建 $x(t)$。

对一般情况,即 $f_0+f_B/2$ 不是带宽 f_B 的整数倍时,令

$$r_1 = (f_0+f_B/2)/f_B \qquad (2-71)$$

此时,r_1 不是整数,在这种情况下,我们可以考虑在保持 $f_0+f_B/2$ 不变的情况下,增加带宽 f_B,使之为 f_{B1},使得

$$r = (f_0+f_B/2)/f_{B1} \qquad (2-72)$$

式中,r 为整数,显然,$r<r_1$,r 是小于 r_1 的最大整数。这时,相对于新带宽 f_{B1} 的中心频率变为

$$f_{01} = f_0+f_B/2-f_{B1}/2 \qquad (2-73)$$

显然,$f_{01}<f_0$,$f_{B1}>f_B$。用 f_{01} 代替 f_0,用 $T_{s1}=1/(2f_{B1})$ 代替 T_s,则有

$$x(t) = \sum_{m=-\infty}^{\infty} x(mT_{s1}) \frac{\sin\lfloor \pi(t-mT_{s1})/2T_{s1} \rfloor}{\pi(t-mT_{s1})/2T_{s1}} \cos[2\pi f_{01}(t-mT_{s1})] \qquad (2-74)$$

因为

$$\frac{f_{s1}}{f_s} = \frac{2f_{B1}}{2f_B} = \frac{(f_0+f_B/2)/r}{(f_0+f_B/2)/r_1}$$

所以

$$f_{s1} = f_s \frac{r_1}{r} = mf_s$$

式中

$$m = \frac{r_1}{r}$$

上面的讨论告诉我们,若 $f_0+f_B/2$ 不是 f_B 的整数倍,若想由 $x(nT_s)$ 重建 $x(t)$,应增加采样频率为 f_{s1},f_{s1} 是原 f_s 的 m 倍。下面分析 m 的取值范围。

设 f_0 最小应等于 $f_B/2$,此时,$r_1=r=1$,即

$$f_{B1}=f_B, \quad f_{s1}=f_s=2f_B \qquad (2-75)$$

即采样频率选择带宽的 2 倍,就可保证采样不失真。

当 $f_0=3f_B/2$ 时,$r_1=r=2$,$f_{B1}=f_B$,仍有

$$f_{s1}=f_s=2f_B$$

但是,当 f_0 在 $f_B/2 \sim 3f_B/2$ 之间变化时,$1<r_1<2$,此时,r 仍等于 1,而 $m=\dfrac{r_1}{r}=1\sim 2$,则有

$$\max(f_{s1}) = \max(mf_s) = 2f_s = 4f_B$$

即,当 $f_B/2<f_0<3f_B/2$ 时,有

$$f_s < f_{s1} < 2f_s$$

当 $f_0=\dfrac{f_B}{2}$ 或 $f_0=\dfrac{3f_B}{2}$ 时,有

$$f_{s1}=f_s=2f_B$$

同理,考察 f_0 在其他范围的情况,可以得出窄带信号的采样定理:

设信号 $x(t)$ 为窄带信号,中心频率为 f_0,带宽为 f_B,且 $f_0>\dfrac{f_B}{2}$,若保证采样频率 f_s 为

$$2f_B \leqslant f_s \leqslant 4f_B \qquad (2-76)$$

或

$$f_s = 2f_B\left(\frac{r_1}{r}\right)$$

则可由采样信号 $x(nT_s)$ 重建出 $x(t)$。其中,

$$r = (f_0 + f_B/2)/f_{B1}, r_1 = (f_0 + f_B/2)/f_B$$

f_s 的下限对应 $f_0 + f_B/2$ 等于 f_B 的整数倍情况;f_s 的上限对应 $f_0 + f_B/2$ 不等于 f_B 的整数倍且

是最坏的情况,即 $\dfrac{r_1}{r}$ 接近于 2 的情况。图 2-16 表示了 f_{s1}, f_s 和 f_0 三者之间的变化关系。

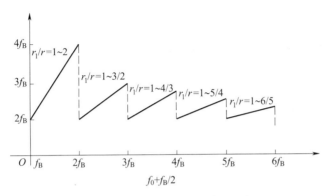

图 2-16　带通信号采样频率的选择

2.7　z 变换

z 变换作为一种数学工具,主要用于离散时间系统的特性分析,它的应用范围和应用条件比序列傅里叶变换要宽一些。

2.7.1　z 变换定义和收敛域

$$X(z) = \mathscr{Z}[x(n)] = \sum_{n=-\infty}^{\infty} x(n)z^{-n} \tag{2-77}$$

式中,z 是一个复变量,设 $z = re^{j\omega}$,它的所有取值范围通常称为 z 平面。

当 $r = 1$ 时,z 变换等效为序列傅里叶变换,或者说,在 z 平面中单位圆上定义的 z 变换,即为序列傅里叶变换。上面给出的是双边 z 变换,还有一种单边变换,本书只讨论第一种 z 变换。

z 变换的定义式是一个级数求和式,因此,$X(z)$ 是否收敛是存在一定条件的。当满足这一条件时,$X(z)$ 的求和公式能够收敛。这种条件通常是关于 $|z|$ 存在的区域描述。对于任意给定的序列,使 z 变换收敛的 z 值的集合称为收敛区域,简称收敛域,用符号 ROC(range of convergence)表示。描述一个序列的 z 变换时,要给出 $X(z)$ 的表达式,同时要说明它的收敛域(ROC)。

根据级数求和理论,级数收敛的充分必要条件是

$$\sum_{n=-\infty}^{\infty} |x(n)z^{-n}| \leqslant \sum_{n=-\infty}^{\infty} |x(n)||z|^{-n} < \infty \tag{2-78}$$

即收敛域可以用 $|z|$ 表示的范围来说明,一般来讲,ROC 是下式表示的一个环行区域

$$R_{x^-} < |z| < R_{x^+}$$

R_{x^-}、R_{x^+} 称作收敛域的收敛半径。R_{x^-}、R_{x^+} 的大小取决于具体的序列。对不同的收敛域，R_{x^-} 可以小到 0，R_{x^+} 可以大到 ∞。

有一类重要的 z 变换，$X(z)$ 可以表示成有理分式，即

$$X(z) = \frac{P(z)}{Q(z)} \tag{2-79}$$

$P(z)$ 和 $Q(z)$ 的根分别称作 $X(z)$ 的零点和极点。因为极点使得 $X(z) \to \infty$，所以，收敛域内不能有极点，但可以有零点，因此，收敛域一般以极点为边界。通常将 $X(z)$ 的 ROC、零点和极点一同画在 z 平面上，ROC 以阴影表示，极点以符号"×"表示，零点以符号"o"表示，如图 2-17 所示。

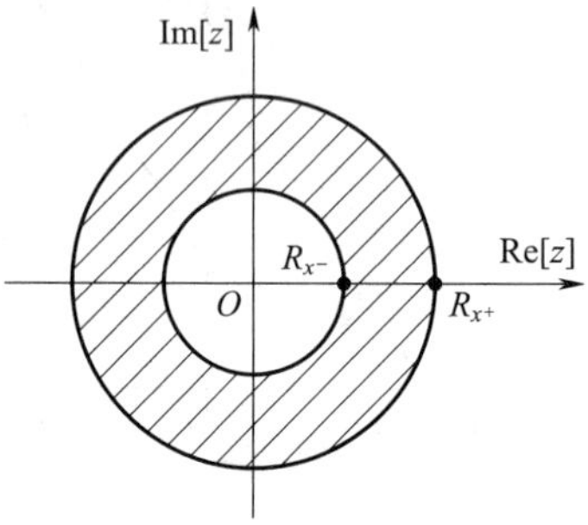

收敛域与序列性质有密切关系，可以按照序列的特点分 4 种情况讨论。

1. 有限长序列

$$x(n) = \begin{cases} x(n), & N_1 \leqslant n \leqslant N_2 \\ 0, & \text{其他} \end{cases}$$

其中，N_1，N_2 可以是任意有限整数，$N_1 < N_2$。

它的 z 变换为

$$X(z) = \sum_{n=N_1}^{N_2} x(n) z^{-n} \tag{2-80}$$

图 2-17 z 变换的收敛

这是一个有限项级数求和，除了在 $|z| = 0$ 和 $|z| = \infty$ 可能不收敛外，必定收敛。因此，有限长序列的 z 变换的收敛域几乎是整个 z 平面。

当 $N_1 < 0$ 时，ROC 不能包含 $|z| = \infty$，当 $N_2 > 0$ 时，ROC 不能包含 $|z| = 0$。即

当 $N_2 > N_1 \geqslant 0$ 时，ROC 为

$$0 < |z| \leqslant \infty$$

当 $N_1 < N_2 \leqslant 0$ 时，ROC 为

$$0 \leqslant |z| < \infty$$

当 $N_1 < 0, N_2 > 0$ 时，ROC 为

$$0 < |z| < \infty$$

当 $N_2 = N_1 = 0$ 时，ROC 为

$$0 \leqslant |z| \leqslant \infty$$

【例 2-5】 求矩形序列 $R_N(n)$ 的 z 变换。

解 对于

$$R_N(n) = \begin{cases} 1, & 0 \leqslant n \leqslant N-1 \\ 0, & \text{其他} \end{cases}$$

有

$$X(z) = \sum_{n=0}^{N-1} R_N(n) z^{-n}$$

$$= \frac{1 - z^{-N}}{1 - z^{-1}}$$

它的收敛域 ROC 为

$$0 < |z| \leqslant \infty$$

2. 右边序列

$$x(n) = \begin{cases} x(n), & n \geqslant N_1 \\ 0, & n < N_1 \end{cases}$$

它的 z 变换为

$$X(z) = \sum_{n=N_1}^{\infty} x(n)z^{-n} \tag{2-81}$$

下面证明这种序列的收敛域是一个圆的外部。

3. 左边序列

$$x(n) = \begin{cases} x(n), & n \leqslant N_2 \\ 0, & n > N_2 \end{cases}$$

它的 z 变换为

$$X(z) = \sum_{n=-\infty}^{N_2} x(n)z^{-n} \tag{2-82}$$

左边序列的收敛域是 z 平面上某个圆的外部,即 $|z| < R_{x+}$。

4. 双边序列

双边序列就是一般序列,它的区域是 $-\infty \leqslant n \leqslant \infty$,$X(z)$ 为

$$X(z) = \sum_{n=-\infty}^{\infty} x(n)z^{-n} = \underbrace{\sum_{n=-\infty}^{-1} x(n)z^{-n}}_{\text{左边序列部分}} + \underbrace{\sum_{n=0}^{\infty} x(n)z^{-n}}_{\text{右边序列部分}} \tag{2-83}$$

式中,第一项是左边序列的 z 变换,它的 ROC 是 $|z| < R_{x+}$。第二项是右边序列的 z 变换,它的 ROC 是 $|z| > R_{x-}$。

若 $R_{x-} < R_{x+}$,则存在一个共同的 ROC:

$$R_{x-} < |z| < R_{x+}$$

在 z 平面上用图形所示 ROC(阴影部分)比较直观。收敛域内一定没有极点,但可以有零点,一般来讲,收敛域是以某个极点的幅值构成 R_{x-} 或 R_{x+} 为半径的圆。

2.7.2 z 变换的性质和定理

本节介绍 z 变换的性质和定理。性质一般是表示某种数学规律或特征。本书的一个主要思想是强调物理概念,对数字特征比较明显的内容,尤其是性质一类的内容,只作简要的说明和归纳,并不强调也不要求学生死记硬背这些性质;基于这样的考虑,对于 z 变换性质及相关定理只做了简要介绍。

在解决数字信号处理问题时,了解和掌握变换的定理与性质是很重要的。

1. 线性变换性质

z 变换为线性变换,即对于任意常数 a, b 有

$$\mathscr{Z}[ax(n) + by(n)] = aX(z) + bY(z) \tag{2-84}$$

式中,$X(z) = \mathscr{Z}[x(n)]$,$Y(z) = \mathscr{Z}[y(n)]$,而 $\mathscr{Z}[ax(n) + by(n)]$ 的收敛域为 $X(z)$ 和 $Y(z)$ 收敛域的公共区域。如果 $aX(z) + bY(z)$ 中抵消了 $X(z)$ 和 $Y(z)$ 中的某些极点,收敛域有可能扩大。

2. 移位序列的变换

若有

$$\mathscr{Z}[x(n)] = X(z), \quad R_{x-} < |z| < R_{x+}$$

则偏移 n_0 位的新序列 $x(n+n_0)$ 的 z 变换为

右边左边序列的收敛域证明的旁注:

1-3 右边序列的收敛域证明

1-4 左边序列的收敛域证明

$$\mathscr{Z}[x(n+n_0)] = z^{n_0}X(z), R_{x-} < |z| < R_{x+} \tag{2-85}$$

式中，n_0 是整数，可以为正，也可以为负。$\mathscr{Z}[x(n+n_0)]$ 和 $\mathscr{Z}[x(n)]$ 的收敛域相同，但 $z=0$ 或 $z=\infty$ 可能除外。需注意，对于单边变换，序列的位移特性要考虑初始条件。

3. 乘以指数序列后的变换

序列 $x(n)$ 乘以指数序列 a^n 的变换为

$$\mathscr{Z}[a^n x(n)] = X(a^{-1}z), |a|R_{x-} < |z| < |a|R_{x+} \tag{2-86}$$

若 $X(z)$ 在 $z=z_1$ 处有一极点，则 $X(a^{-1}z)$ 在 $z=az_1$ 处有一极点。一般而言，所有零点和极点的坐标都乘以因子 a。

4. $X(z)$ 的微分

易于证明

$$\frac{\mathrm{d}X(z)}{\mathrm{d}z} = \frac{1}{z}\mathscr{Z}[x(n)], R_{x-} < |z| < R_{x+} \tag{2-87}$$

微分后的收敛域不变，$z=0$ 除外。

5. 复数序列的共轭

若

$$\mathscr{Z}[x(n)] = X(z), R_{x-} < |z| < R_{x+}$$

则

$$\mathscr{Z}[x^*(n)] = X^*(z^*), R_{x-} < |z| < R_{x+} \tag{2-88}$$

6. 初值定理

$n<0, x(n)=0$ 的因果序列有

$$x(0) = \lim_{z \to \infty} X(z) \tag{2-89}$$

7. 终值定理

若序列是因果的，且 $X(z)$ 除在 $z=1$ 处有一阶极点外，其他极点都在单位圆 $|z|<1$ 内，则

$$\lim_{n \to \infty} x(n) = \lim_{z \to 1}[(z-1)X(z)] \tag{2-90}$$

终值定理也可用 $X(z)$ 在 $z=1$ 点上的留数表示，即

$$x(\infty) = \mathrm{res}[X(z), 1] \tag{2-91}$$

终值定理说明，由 $X(z)$ 可求得序列终止时的值，这在研究系统稳定性时很有用。

8. 序列的卷积

若

$$w(n) = x(n) * y(n)$$

则

$$W(z) = X(z)Y(z), R_{x-} < |z| < R_{x+} \tag{2-92}$$

收敛域为 $X(z)$ 和 $Y(z)$ 收敛域的公共部分，即

$$R_- = \max[R_{x-}, R_{y-}], R_+ = \min[R_{x+}, R_{y+}]$$

若极点消去，则收敛域可以扩大。利用此特性，由 $x(n)$ 和 $y(n)$ 求出 $X(z)$、$Y(z)$，再由 $X(z)Y(z)$ 的逆变换求得 $x(n) * y(n)$。

9. 复卷积定理

若

$$w(n) = x(n)y(n)$$

则

$$W(z) = \frac{1}{2\pi j} \oint_{c_1} X(v) Y\left(\frac{z}{v}\right) v^{-1} dv, R_{x-} R_{y-} < |z| < R_{x+} R_{y+} \quad (2-93)$$

由定义

$$W(z) = \sum_{n=-\infty}^{\infty} x(n) y(n) z^{-n}$$

而

$$x(n) = \frac{1}{2\pi j} \oint_{c_1} X(v) v^{n-1} dv, R_{x-} < |z| < R_{x+} \quad (2-94)$$

由此

$$W(z) = \frac{1}{2\pi j} \sum_{n=-\infty}^{\infty} \oint_{c_1} X(v) y(n) v^{n-1} z^{-n} dv$$

$$= \frac{1}{2\pi j} \oint_{c_1} X(v) v^{-1} \sum_{n=-\infty}^{\infty} y(n) \left(\frac{z}{v}\right)^{-n} dv \quad (2-95)$$

在收敛域 $R_{y-} < \left|\frac{z}{v}\right| < R_{y+}$ 内, 有

$$W(z) = \frac{1}{2\pi j} \oint_{c_1} X(v) Y\left(\frac{z}{v}\right) v^{-1} dv$$

式中, c_1 为 $X(v)$, $Y\left(\frac{z}{v}\right)$ 收敛域公共部分中的闭合曲线。

由 $R_{x-} < |v| < R_{x+}$ 及 $R_{y-} < \left|\frac{z}{v}\right| < R_{y+}$ 可得

$$R_{x-} R_{y-} < |z| < R_{x+} R_{y+}$$

对于 v 平面, 收敛域为

$$\max\left[R_{x-}, \frac{|z|}{R_{y+}}\right] < |v| < \min\left[R_{x+}, \frac{|z|}{R_{y-}}\right] \quad (2-96)$$

式 (2-93) 称为复卷积公式, 可利用留数定理求解。

不难证明, 复数卷积公式中 X、Y 的位置可以互换

$$W(z) = \frac{1}{2\pi j} \oint_{c_2} Y(v) X\left(\frac{z}{v}\right) v^{-1} dv \quad (2-97)$$

式中, c_2 为 $Y(v)$ 和 $X\left(\frac{z}{v}\right)$ 收敛域公共部分的闭合曲线。为了说明式 (2-97) 为一个卷积积分, 设 c_2 是一个圆, 即 $v = \rho e^{j\theta}$, 当 ρ 不变, θ 由 $-\pi$ 变到 π 时, 就构成了围线 c_2。

令 $z = r e^{j\varphi}$, 则式 (2-97) 可以写成

$$W(z) = \frac{1}{2\pi} \int_{-\pi}^{\pi} Y(\rho e^{j\theta}) X\left[\frac{r}{\rho} e^{j(\varphi-\theta)}\right] d\theta \quad (2-98)$$

式 (2-98) 可以看作一个卷积积分, 积分在一个周期内进行, 通常称为周期卷积。

10. 帕塞瓦尔定理

设 $x(n)$ 和 $y(n)$ 为两个复数序列, $X(z)$ 和 $Y(z)$ 分别为它们的 z 变换, 若它们的收敛域满足条件

$$R_{x-}, R_{y-} < 1, R_{x+}, R_{y+} > 1$$

则

$$\sum_{n=-\infty}^{\infty} x(n) y^*(n) = \frac{1}{2\pi \mathrm{j}} \oint_c X(v) Y^*\left(\frac{1}{v^*}\right) v^{-1} \mathrm{d}v \qquad (2-99)$$

1-5 帕塞瓦尔公式证明

此即帕塞瓦尔公式。

帕塞瓦尔定理的一个重要应用是计算序列的能量。如果取 $y(n)=x(n)$，则有

$$\sum_{n=-\infty}^{\infty} |x(n)|^2 = \sum_{n=-\infty}^{\infty} x(n) x^*(n) = \frac{1}{2\pi} \int_{-\pi}^{\pi} X^*(\mathrm{e}^{\mathrm{j}\omega}) X(\mathrm{e}^{\mathrm{j}\omega}) \mathrm{d}\omega$$

$$= \frac{1}{2\pi} \int_{-\pi}^{\pi} |X(\mathrm{e}^{\mathrm{j}\omega})|^2 \mathrm{d}\omega \qquad (2-100)$$

此式也称帕塞瓦尔公式。它表明时域中用序列 $x(n)$ 计算信号能量与频率中用频谱 $X(\mathrm{e}^{\mathrm{j}\omega})$ 计算信号能量，两者是一致的。

关于 z 变换的性质和定理归纳在表 2-2 中，常见序列的 z 变换可参考表 2-3。

表 2-2 z 变换的性质和定理

序列	z 变换	收敛域
$ax(n)+by(n)$	$aX(z)+bY(z)$	$\max[R_{x-},R_{y-}]<|z|<\min[R_{x+},R_{y+}]$
$x(n-n_0)$	$z^{-n_0}X(z)$	$R_{x-}<|z|<R_{x+}$
$a^n x(n)$	$X(a^{-1}z)$	$|a|R_{x-}<|z|<|a|R_{x+}$
$x^*(n)$	$X^*(z^*)$	$R_{x-}<|z|<R_{x+}$
$x(-n)$	$X(z^{-1})$	$\dfrac{1}{R_{x+}}<|z|<\dfrac{1}{R_{x-}}$
$x(n)*y(n)$	$X(z)Y(z)$	$\max[R_{x-},R_{y-}]<|z|<\min[R_{x+},R_{y+}]$
$x(n)y(n)$	$\dfrac{1}{2\pi \mathrm{j}} \oint_c X(v) Y\left(\dfrac{z}{v}\right) v^{-1} \mathrm{d}v$	$R_{x-}R_{y-}<|z|<R_{x+}R_{x-}$
$\mathrm{Re}[x(n)]$	$\dfrac{1}{2}[X(z)+X^*(z^*)]$	$R_{x-}<|z|<R_{x+}$
$\mathrm{Im}[x(n)]$	$\dfrac{1}{2}[X(z)-X^*(z^*)]$	$R_{x-}<|z|<R_{x+}$
$x(0)=\lim\limits_{z\to\infty}X(z)$		$x(n)$ 是因果序列，$|z|>R_{x-}$
$x(\infty)=\lim\limits_{z\to1}(z-1)X(z)$		$x(n)$ 是因果序列，$X(z)$ 的极点落于单位圆内部，最多在 $z=1$ 处有一阶极点
$\sum\limits_{n=-\infty}^{\infty} x(n)y^*(n)=\dfrac{1}{2\pi \mathrm{j}} \oint_c X(v) Y^*\left(\dfrac{1}{v^*}\right) v^{-1} \mathrm{d}v$		$R_{x-}R_{y-}<|z|<R_{x+}R_{y+}$

表 2-3 常见序列的 z 变换

序号	序列	z 变换	收敛域
1	$\delta(n)$	1	$0 \leqslant |z| \leqslant \infty$
2	$\delta(n-k)$	z^{-k}	$0 < |z| \leqslant \infty$
3	$u(n)$	$\dfrac{1}{1-z^{-1}} = \dfrac{z}{z-1}$	$|z| > 1$
4	$R_N(n)$	$\dfrac{1-z^{-N}}{1-z^{-1}} = \dfrac{z(1-z^{-N})}{z-1}$	$|z| > 0$
5	$n u(n)$	$\dfrac{z^{-1}}{(1-z^{-1})^2} = \dfrac{z}{(z-1)^2}$	$|z| > 1$
6	$a^n u(n)$	$\dfrac{1}{1-az^{-1}} = \dfrac{z}{z-a}$	$|z| > |a|$
7	$-a^n u(-n-1)$	$\dfrac{1}{1-az^{-1}} = \dfrac{z}{z-a}$	$|z| < |a|$
8	$na^n u(n)$	$\dfrac{az^{-1}}{(1-az^{-1})^2} = \dfrac{az}{(z-a)^2}$	$|z| > |a|$
9	$-na^n u(-n-1)$	$\dfrac{az^{-1}}{(1-az^{-1})^2} = \dfrac{az}{(z-a)^2}$	$|z| < |a|$
10	$e^{-na} u(n)$	$\dfrac{1}{1-e^{-a}z^{-1}} = \dfrac{z}{z-e^{-a}}$	$|z| > e^{-a}$
11	$e^{j\omega_0 n} u(n)$	$\dfrac{1}{1-e^{j\omega_0}z^{-1}} = \dfrac{z}{z-e^{j\omega_0}}$	$|z| > e^{j\omega_0}$
12	$[\sin(\omega_0 n)]u(n)$	$\dfrac{z^{-1}\sin\omega_0}{1-2z^{-1}\cos\omega_0 + z^{-2}}$	$|z| > 1$
13	$[\cos(\omega_0 n)]u(n)$	$\dfrac{1-z^{-1}\cos\omega_0}{1-2z^{-1}\cos\omega_0 + z^{-2}}$	$|z| > 1$
14	$r^n[\sin(\omega_0 n)]u(n)$	$\dfrac{rz^{-1}\sin\omega_0}{1-2rz^{-1}\cos\omega_0 + r^2 z^{-2}}$	$|z| > |r|$
15	$r^n[\cos(\omega_0 n)]u(n)$	$\dfrac{1-rz^{-1}\cos\omega_0}{1-2rz^{-1}\cos\omega_0 + r^2 z^{-2}}$	$|z| > |r|$

2.8 系统函数

系统函数是从 z 域更广地描述线性时不变系统特性的一个重要函数,它虽然不如频率响应的物理概念清晰,但在数学表示方面更简洁,在说明系统某些特性方面更直接。

2.8.1 系统函数定义

系统函数 $H(z)$ 定义为系统单位采样响应的 z 变换,即

$$H(z) = \sum_{n=-\infty}^{\infty} h(n) z^{-n} \qquad (2-101)$$

通过 $H(z)$ 描述系统时,还要考虑它的收敛域,事实上,收敛域往往在很大程度上决定了系统的特征。

通过 $H(z)$ 可以建立系统输入 z 变换和输出 z 变换之间的简单关系,很容易得到下式:

$$Y(z) = H(z) X(z) \qquad (2-102)$$

从式(2-102)可以得到 $H(z)$ 的一种数学求解方法,即

$$H(z) = \frac{Y(z)}{X(z)}$$

在 z 平面单位圆上计算的系统函数就是系统的频率响应,即

$$H(z)\big|_{z=e^{j\omega}} = \sum_{n=-\infty}^{\infty} h(n) e^{-j\omega n} = H(e^{j\omega}) \qquad (2-103)$$

2.8.2 通过系统函数描述系统特性

通过系统函数,特别是它的收敛域可以刻画出系统的一些重要特征。

因果系统的系统函数的收敛域是一个圆的外部,而且包括无穷远,即 ROC 为

$$R_{x^-} < |z| \leqslant \infty$$

稳定系统的系统函数的收敛域必须包括单位圆,即 ROC 为

$$|z| > R_{x^-}, R_{x^-} < 1$$

或

$$|z| < R_{x^+}, R_{x^+} > 1$$

根据收敛域的含义,有

$$\sum_{n=-\infty}^{\infty} |h(n) z^{-n}| \leqslant \sum_{n=-\infty}^{\infty} |h(n)| |z|^{-n} < \infty \qquad (2-104)$$

考察式(2-104),当 $|z| = 1$ 时,

$$\sum_{n=-\infty}^{\infty} |h(n)| |z^{-n}| \to \sum_{n=-\infty}^{\infty} |h(n)| < \infty \qquad (2-105)$$

这正是系统稳定的充要条件。因此,当系统函数收敛域包括单位圆时,也说明了系统的稳定性;反之,稳定系统的收敛域一定包含了单位圆。

稳定因果系统的系统函数的收敛域是一个包含了单位圆和无穷远的区域,即 ROC 为

$$R_{x^-} < |z| \leqslant \infty$$

且

$$R_{x^-} < 1$$

由于收敛域内不能有极点,所以,稳定因果系统的极点只能处在单位圆内。

基于系统函数的分析方法特别适用于常系数差分方程所表示的一类系统,如下式所示

$$y(n) = \sum_{k=1}^{N} a_k y(n-k) + \sum_{r=0}^{M} b_r x(n-r) \qquad (2-106)$$

式中,a_k, b_k, N, M 均为常数,式(2-106)称为常系数差分方程,是一种常见的系统表示形式,它表示的系统函数是一种有理分式的形式。

假设系统的初始状态为零,对式(2-106)两端取 z 变换,得

$$Y(z) = \sum_{k=1}^{N} a_k z^{-k} Y(z) + \sum_{r=0}^{M} b_r z^{-r} X(z)$$

$$Y(z) \left(1 - \sum_{k=1}^{N} a_k z^{-k} \right) = X(z) \sum_{r=0}^{M} b_r z^{-r}$$

得到

$$H(z) = \frac{Y(z)}{X(z)} = \frac{\displaystyle\sum_{r=0}^{M} b_r z^{-r}}{1 - \displaystyle\sum_{k=1}^{N} a_k z^{-k}}$$

上式为两个关于 z^{-1} 的多项式之比,即 $H(z)$ 为有理分式。当差分方程给定时,a_k,b_k,N,M 均已知,可以直接从差分方程写出 $H(z)$ 的表达式,这也是系统函数用于差分方程的优点之一。

将 $H(z)$ 的分子、分母进行因式分解,可采用根的形式表示多项式,即

$$H(z) = \frac{B \displaystyle\prod_{r=1}^{M} (1 - c_r z^{-1})}{\displaystyle\prod_{k=1}^{N} (1 - d_k z^{-1})} \qquad (2-107)$$

式中,B 为比例常数;c_r 为分子多项式的根,称为系统函数的零点;d_k 为分母多项式的根,称为系统函数的极点。

根据系统函数的特点可以引入一种系统的分类方法。

当所有的 $a_k = 0$,$k = 1, 2, \cdots, M$ 时,$H(z)$ 为一个多项式,即

$$H(z) = \sum_{r=0}^{M} b_r z^{-r} \qquad (2-108)$$

此时,系统的输出只与输入有关,称作 MA(moving average)系统。由于系统函数只有零点(原点处的极点除外),也称全零点系统。

可以求出系统的 $h(n)$,

$$h(n) = b_n, n = 0, 1, 2, \cdots, M$$

即 $h(n)$ 为有限长度序列,所以,这类系统称作有限冲激响应系统,简称 FIR(finite impulse response)系统。

当除 $b_0 = 1$ 外,其他 $b_r = 0$,$r = 1, 2, \cdots, N$ 时,有

$$H(z) = \frac{1}{1 - \displaystyle\sum_{k=1}^{N} a_k z^{-k}} \qquad (2-109)$$

此时,系统的输出只与当前的输入和过去的输出有关,称作 AR(auto regression)系统。由于系统函数只有极点(原点处零点除外),也称全极点系统。

这类系统的 $h(n)$ 为无限长度序列,称作无限冲激响应系统,简称 IIR(infinite impulse response)系统。

一般情况下,a_k,b_r 均不等于零,$H(z)$ 是一个有理分式,既有零点,也有极点,称作 ARMA 系统,或零极点系统,系统的 $h(n)$ 为无限长序列,仍属于 IIR(infinite impulse response)系统。

2.8.3 通过系统函数估算频率响应

系统函数可以表示成零极点的形式,零极点在 z 平面的位置刻画了系统很重要的特性。可以通过系统函数零极点的位置估算出系统的频率响应,进而判断系统的滤波特性,这是一种非常实用的方法,称作频率响应的几何确定法。

因为

$$H(z) = \frac{B\prod_{r=1}^{M}(1 - c_r z^{-1})}{\prod_{k=1}^{N}(1 - d_k z^{-1})}$$

所以,根据频率响应的定义,系统的频率响应为

$$H(e^{j\omega}) = H(z)\big|_{z=e^{j\omega}} = B\frac{\prod_{r=1}^{M}(e^{j\omega} - c_r)}{\prod_{k=1}^{N}(e^{j\omega} - d_k)} = B\frac{\prod_{r=1}^{M}\boldsymbol{C}_r}{\prod_{k=1}^{N}\boldsymbol{D}_k} \tag{2-110}$$

式中,B 为比例常数,差矢量 $\boldsymbol{C}_r$,$\boldsymbol{D}_k$ 分别为

$$\boldsymbol{C}_r = C_r e^{j\alpha_r} = e^{j\omega} - c_r$$

$$\boldsymbol{D}_k = D_k e^{j\beta_k} = e^{j\omega} - d_k$$

$\boldsymbol{C}_r$ 表示零点指向单位圆的矢量,C_r,α_r 分别是矢量的幅度和相位;$\boldsymbol{D}_k$ 表示极点指向单位圆的矢量,D_k,β_k 分别是矢量的幅度和相位。当频率变化时,分别考察这两个矢量的幅度和相位变化,可以得到系统的幅频响应和相频响应。它们之间的关系为

$$\begin{cases} |H(e^{j\omega})| = |B|\dfrac{\prod_{r=1}^{M}C_r}{\prod_{k=1}^{N}D_k} \\[4mm] \arg[H(e^{j\omega})] = \sum_{r=1}^{M}\alpha_r - \sum_{k=1}^{N}\beta_k \end{cases} \tag{2-111}$$

式中,因子 B 不影响幅频响应的实质,估计时可略去。

当 ω 在 $0\sim2\pi$ 内变化时,相当于单位圆矢量 $e^{j\omega}$ 逆时针旋转,此时,分别考查零点差矢量和极点差矢量的幅度及相位变化。当极点靠近单位圆时,幅频响应在极点所在频率处会出现峰值,极点靠单位圆越近,峰值越尖锐;当零点靠近单位圆时,零点处的幅频响应会出现谷底,越靠近单位圆,谷底越深,当零点处在单位圆上时,幅频响应为零,相频响应的分析相对复杂一些。下面通过几个例子说明如何使用这种方法。

【例 2-6】 延时单元 $y(n) = x(n-1)$,分析系统的频率响应。

解 延时单元的系统函数为

$$H(z) = z^{-1}$$

$H(z)$ 无零点,极点为 $z = 0$,所以,极点到单位圆的差矢量的幅度 D_0 恒为 1,相位 β_0 等于 $-\omega$,可得

$$|H(e^{j\omega})| = 1$$

$$\arg[H(e^{j\omega})] = -\beta_0 = -\omega$$

显然,这是一个线性相位的全通系统,图 2-18 是频率响应示意图。

图 2-18　例 2-6 频率响应示意图

【例 2-7】　设一个因果系统的系统函数为 $H(z)=\dfrac{1}{1-az^{-1}},0<a<1$，估计该系统的频率响应，并判断系统的滤波特性。

　　解　系统函数的一个零点为 $z=0$，一个极点为 $z=a$，差矢量分别为

$$\boldsymbol{C}_0 = C_0 \mathrm{e}^{\mathrm{j}\alpha_0} = \mathrm{e}^{\mathrm{j}\omega} - 0 = \mathrm{e}^{\mathrm{j}\omega}$$

$$\boldsymbol{D}_0 = D_0 \mathrm{e}^{\mathrm{j}\beta_0} = \mathrm{e}^{\mathrm{j}\omega} - a$$

显然，$C_0=1,\alpha_0=\omega$，则有

$$\left| H(\mathrm{e}^{\mathrm{j}\omega}) \right| = 1/D_0$$

$$\arg\left[H(\mathrm{e}^{\mathrm{j}\omega}) \right] = \omega - \beta_0$$

　　图 2-19 是一阶滤波器的零极点图和对应的频率响应，从中可以分析出幅频响应和相频响应。显然，这是一个具有低通滤波特性的系统。

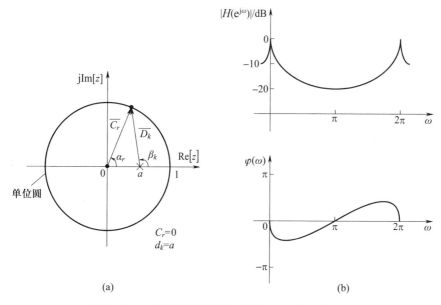

(a)　　　　　　　　　　　　　　　(b)

图 2-19　一阶滤波器的零极点图和对应的频率响应

【例 2-8】　一个二阶系统的系统函数为

$$H(z)=\frac{1}{1-2\rho\cos\theta z^{-1}+\rho^2 z^{-2}},0<\rho<1,0<\theta<\frac{\pi}{2}$$

估计该系统的频率响应，并判断系统的滤波特性。

　　解　一对复数共轭极点为

$$z_{1,2}=\rho\cos\theta \pm \mathrm{j}\rho\sin\theta=\rho\mathrm{e}^{\pm\mathrm{j}\theta}$$

一个二重零点在 $z=0$ 处,所以,$C_0=C_1=1$,$\alpha_0=\alpha_1=\omega$,可得

$$\left| H(e^{j\omega}) \right| = 1/(D_1 D_2)$$

$$\arg\left[H(e^{j\omega}) \right] = 2\omega - \beta_1 - \beta_2$$

可以判断该系统具有带通滤波特性。

通过零极点估算系统频率响应是一种简便有效的实用方法,比较适合于较低阶的系统,高阶系统由于零极点数目较多,矢量关系较复杂,特别是相频响应。因此,这种方法一般用于快速估算低阶系统的幅频响应。

2.9 系统的网络结构

当实现一个离散时间系统时,需要知道有关系统的运算结构、存储资源和运算量等信息,采用信号流图可以清楚地说明这些信息。一个线性时不变系统可以用以下差分方程表示

$$y(n) = \sum_{k=1}^{N} a_k y(n-k) + \sum_{r=1}^{M} b_r x(n-r) \tag{2-112}$$

系统函数为

$$H(z) = \frac{\displaystyle\sum_{r=0}^{M} b_r z^{-r}}{1 - \displaystyle\sum_{k=1}^{N} a_k z^{-k}} \tag{2-113}$$

当系统给定时,采用信号流图可以简洁地表示系统参数和信号之间的运算方式,即系统的实现结构。

2.9.1 信号流图的表示

离散时间系统一般包含三种基本单元:加法器、乘法器和延时单元,任何一个复杂的 DSP 系统都可以分解成这三种基本单元,图 2-20 是信号流图常用符号。

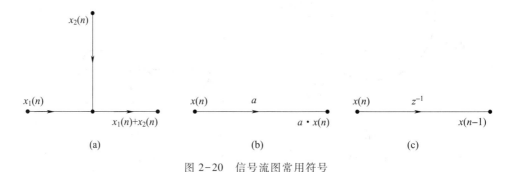

图 2-20　信号流图常用符号

例如,一个二阶系统的系统函数为

$$H(z) = \frac{b_0 + b_1 z^{-1}}{1 - a_1 z^{-1} - a_2 z^{-2}}$$

差分方程为

$$y(n) = a_1 y(n-1) + a_2 y(n-2) + b_0 x(n) + b_1 x(n-1)$$

用乘法、加法和延时单元实现上述运算，二阶数字系统信号流图表示如图 2-21 所示。

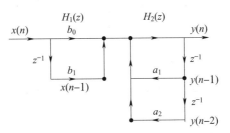

图 2-21　二阶数字系统信号流图表示

系统流图表示了系统运算结构所需的存储单元、加法和乘法次数等是一种运算资源的开销，但不是具体电路图。

根据流图也可以写出差分方程和系统函数，因此，流图是一种直观的系统表示方式。

2.9.2　信号流图的转置定理

定理　将信号流图中的所有支路反向，输入和输出互换，则系统函数不变。

【例 2-9】　图 2-22 是转置前一阶系统信号流图，从流图写出它的差分方程和系统函数分别为

$$y(n) = cx(n) + ay(n-1)$$

$$H(z) = \frac{c}{1 - az^{-1}}$$

按转置定理得到第二个流图，如图 2-23 所示，可写出相同的差分方程和系统函数，分别为

$$y(n) = cx(n) + ay(n-1)$$

$$H(z) = \frac{c}{1 - az^{-1}}$$

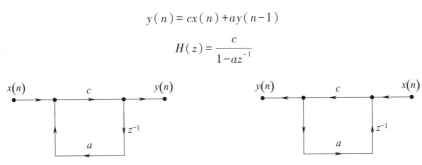

图 2-22　转置前一阶系统信号流图　　　　图 2-23　转置后一阶系统信号流图

转置定理对实现时间离散系统起至关重要的作用，通过转置定理，我们可以通过不同的实现方法实现同一个数字滤波器。但需要注意的是，在无限精度运算的情况下，任意给定的数字滤波器行为的实现和其他等效结构的实现是完全相同的。但是，在实际中，由于有限字长的限制，特定数字滤波器的实现所表现的行为和其他等效结构的实现并不完全相同。因此，从有限字长实现中选择最小量化效应的结构是最重要的。得到这种结构的一种途径就是先确定很多的等效结构，然后分析每一种结构的有限字长效应，最后选择出一个最小量化效应。

2.9.3　无限冲激响应(IIR)系统的网络结构

1. 直接型

IIR 系统的系统函数可以写成两部分

$$H(z) = \left(\sum_{r=0}^{M} b_r z^{-r} \right) \frac{1}{1 - \sum_{k=1}^{N} a_k z^{-k}} = H_1(z) H_2(z) \qquad (2\text{-}114)$$

式中,$H_1(z) = \sum_{r=0}^{M} b_r z^{-r}$,是一个 MA 系统,只有零点;$H_2(z) = 1/\left(1 - \sum_{k=1}^{N} a_k z^{-k} \right)$,是一个 AR 系统。先实现系统 $H_1(z)$,然后实现系统 $H_2(z)$,得到一种流图如图 2-24 所示。

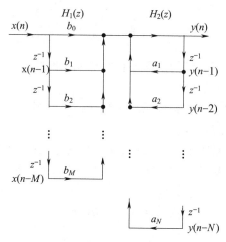

图 2-24 IIR 系统的直接 I 型网络结构

若先实现系统 $H_2(z)$,然后实现系统 $H_1(z)$,得到另一种流图如图 2-25 所示。

在这种流图中,两条延迟支路源于同一点,相同延迟点可以合二为一,这样可以节约延迟环节,图 2-26 是合并了延迟单元的信号流图。这些流图都表示同一个系统,都是由系统函数的多项式直接得到的,因此,称为直接型结构,图 2-24 称为直接 I 型,图 2-26 称为直接 II 型。直接型结构的优点是可从差分方程或原始的系统函数直接得到,缺点是系统系数对系统性能的影响较大。

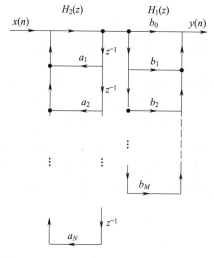

图 2-25 IIR 直接 I 型交换系统实现顺序

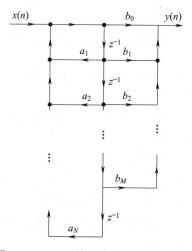

图 2-26 IIR 系统的直接 II 型信号流图

2. 级联型

将系统函数的分子和分母多项式进行分解

$$H(z) = \frac{\prod\limits_{r=1}^{M_1}(1-g_r z^{-1})\prod\limits_{r=1}^{M_2}(1-h_r z^{-1})(1-h_r^* z^{-1})}{\prod\limits_{k=1}^{N_1}(1-c_k z^{-1})\prod\limits_{k=1}^{N_2}(1-d_k z^{-1})(1-d_k^* z^{-1})} \tag{2-115}$$

$M = M_1 + 2M_2$，$N = N_1 + 2N_2$

也可写成实系数的形式

$$H(z) = A\prod_{k=1}^{N/2}\frac{1-b_{1k}z^{-1}-b_{2k}z^{-2}}{1-a_{1k}z^{-1}-a_{2k}z^{-2}} \tag{2-116}$$

当 N 为奇数时，多出一个一阶系统 $H(z) = \dfrac{1-g_r z^{-1}}{1-c_k z^{-1}}$，将 $H(z)$ 表示成多个二阶网络和一阶网络的级联（采用直接Ⅱ型实现一、二阶基本网络），可以得到 IIR 系统的级联型信号流图如图 2-27 所示。

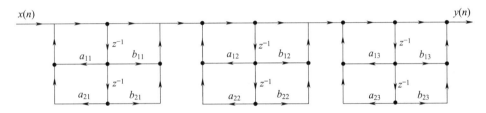

图 2-27　IIR 系统的级联型信号流图

级联型结构的优点是可用时分复用方法实现多级处理，也可采用流水线方式实现系统，运算效率较高；另外，系统性能调整较方便，各级之间影响较小。

3. 并联型

将 $H(z)$ 进行部分分式展开，可得到并联型结构

$$H(z) = \sum_{k=1}^{\frac{N}{2}}\frac{b_{0k}+b_{1k}z^{-1}}{1-a_{1k}z^{-1}-a_{2k}z^{-2}} \tag{2-117}$$

$$= H_1(z) + H_2(z) + \cdots + H_{N/2}(z)$$

式中，$H_{N/2}(z)$ 代表一个实系数的二阶或一阶（$a_{2k}=0$）网络，采用直接Ⅱ型实现，得到系统的并联型网络结构如图 2-28 所示。

并联型结构的各级可并行计算，是运算速度最快的一种网络结构，需要较多的运算器。各级之间调整方便，相互影响较小。

4. 转置型

按照转置定理，上面的每一种结构都有其相应的转置型结构，本书不再详细讨论。

2.9.4　有限冲激响应（FIR）系统的网络结构

FIR 系统的特点是单位采样响应是有限长的，网络结构没有反馈支路，一个 N 阶 FIR 系统的差分方程为

$$y(n) = \sum_{k=0}^{N-1}h(k)x(n-k) \tag{2-118}$$

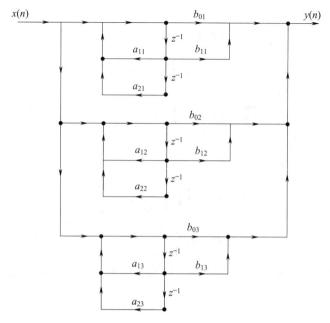

图 2-28　IIR 系统并联型网络结构

其系统函数为

$$H(z) = \sum_{n=0}^{N-1} h(n) z^{-n} \tag{2-119}$$

$H(z)$ 有 N 个零点,通过 N 个零点的不同分布来实现 FIR 系统的不同性能。

1. 直接型

按照 $H(z)$ 或差分方程直接画出的网络结构就是直接型结构,如图 2-29 所示。

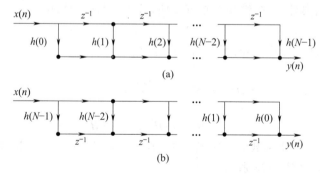

图 2-29　直接型 FIR 网络结构

FIR 系统的直接型结构也称卷积型结构或横向结构,FIR 系统也称为横向滤波器。

2. 级联型

将 $H(z)$ 进行因式分解,得到实系数的二阶和一阶系统的表达式和级联结构

$$H(z) = \prod_{r=1}^{\frac{N}{2}} (\beta_{0r} + \beta_{1r} z^{-1} + \beta_{2r} z^{-2}) \tag{2-120}$$

其中,系数 $\beta_{0r}, \beta_{1r}, \beta_{2r}$ 都是实数,当 $\beta_{2r} = 0$ 时,为一阶系统。图 2-30 是 FIR 系统级联型结构。

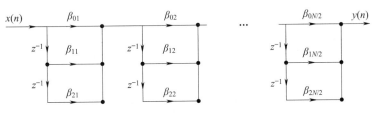

图 2-30　FIR 系统级联型结构

2.9.5　方框图的表示

由于信号流图的表示不直观,所以,选择采用方框图表示,用方框图表示有以下几个好处:① 通过观察很容易写出算法;② 通过分析方框图可以容易地确定出数字滤波器的输出和输入之间的明确关系;③ 可以很容易地调整某个框图来得到不同算法的"等效"框图;④ 可以很容易地确定硬件的需求;⑤ 可以较容易地从系统函数所生成的框图表示直接得到多种"等效"表示。

首先介绍基本的运算单元,它们分别包括加法器、乘法器、延迟单元和输出节点,如图 2-31 所示。

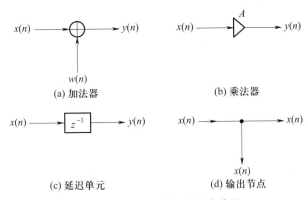

图 2-31　方框图中常用基本单元

图 2-32 为一阶线性时不变数字滤波器的方框图。

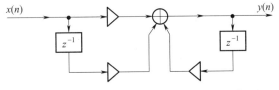

图 2-32　一阶线性时不变数字滤波器的方框图

2.9.6　方框图的等效

在这一章节中,我们的主要目的是对给定系统函数的数字滤波器做不同的实现,如果两个滤波器有着相同的系统函数,那么,我们就认为它们的结构是等效的。但是,我们知道有一种相当简单的等效的方法就是对其进行转置运算:① 倒转所有路径;② 把网络节点转换成加法器,把加法器转换成网络节点;③ 交换输入和输出节点。

【例 2-10】　图 2-33 是一阶系统网络结构的方框图,从方框图写出它的差分方程和系统函数分别为

$$y(n) = cx(n) + ay(n-1)$$

53

$$H(z) = \frac{c}{1 - acz^{-1}}$$

按方框图的转置定理得到第二个方框图如图 2-34 所示,可写出相同的差分方程和系统函数为

$$y(n) = cx(n) + ay(n-1)$$

$$H(z) = \frac{c}{1 - acz^{-1}}$$

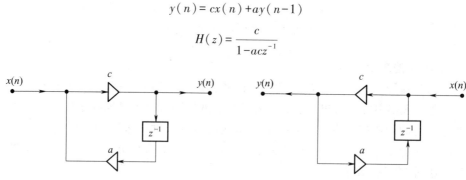

图 2-33　一阶系统网络结构的方框图　　　　图 2-34　一阶系统网络结构转置的方框图

2.9.7　无限冲激响应(IIR)系统的方框图结构

因果无限冲激响应数字滤波器用如下的有理系统函数式(2-121)来描述,或者用长差分系数差分方程式(2-122)来表示。

$$H(z) = \frac{p_0 + p_1 z^{-1} + p_2 z^{-2} + \cdots + p_M z^{-M}}{d_0 + d_1 z^{-1} + d_2 z^{-2} + \cdots + d_N z^{-N}} \tag{2-121}$$

$$y[n] = -\sum_{k=1}^{N} \frac{d_k}{d_0} y[n-k] + \sum_{k=1}^{M} \frac{p_k}{d_0} x[n-k] \tag{2-122}$$

从差分方程表达式可以看出,要计算第 n 个输出样本,就需要知道输出序列一些前面的样本,换句话说,因果无限冲激响应数字滤波器的实现需要一定形式的反馈。在这里,我们列出一些 IIR 滤波器的简单且直接的实现。

1. 直接型

如果一个 IIR 系统的函数表示为式(2-121),则可以将其拆分成两部分相乘的形式:

$$H(z) = \left[\sum_{r=0}^{M} p_r z^{-r} \right] \frac{1}{1 - \sum_{k=1}^{N} d_k z^{-k}} = H_1(z) \cdot H_2(z) \tag{2-123}$$

式中,$H_1(z) = \left[\sum\limits_{r=0}^{M} p_r z^{-r} \right]$,是一个 MA 系统,只有零点,可以看做是一个 FIR 系统;$H_2(z) = \dfrac{1}{1 - \sum\limits_{k=1}^{N} d_k z^{-k}}$,是一个 AR 系统。那么,此 IIR 数字滤波器的系统函数 $H(z)$ 可以有两种方式实现。

(1)先实现系统 $H_1(z)$,然后实现系统 $H_2(z)$,得到一种方框图如图 2-35 所示;

(2)先实现系统 $H_2(z)$,然后实现系统 $H_1(z)$,得到一种方框图如图 2-36 所示。

图 2-35 称为直接 I 型,图 2-36 称为直接 I$_t$ 型。但是整个实现过程是非规范的,因为它需要 $M+N$ 个延时器来实现一个 N 阶系统函数。为了复用系统中的延时器并得到规范实现,将图 2-35 中相同的支路节点和相同的延迟支路合并,从而得到图 2-37 所示的

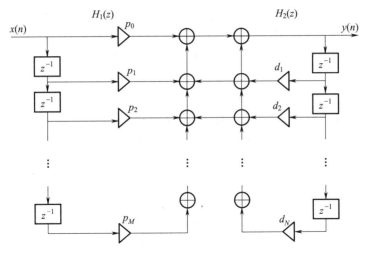

图 2-35 IIR 系统网络结构的直接 I 型方框图

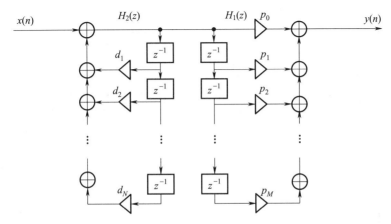

图 2-36 IIR 系统网络结构的直接 I₁ 型方框图

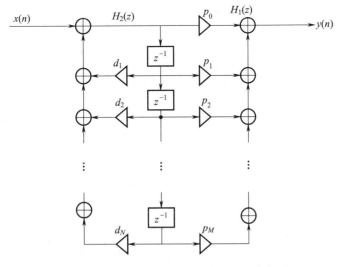

图 2-37 IIR 系统网络结构的直接 II 型方框图

规范的方框图实现。图 2-35、图 2-36 和图 2-37 虽然实现方式不同,但理论上都表示同一个系统,都是由系统函数的多项式直接得到的,因此,称为直接型结构。直接型结构的优点是可从差分方程或原始的系统函数直接得到,缺点是系统系数对系统的性能影响较大。

2. 级联型

将系统函数 $H(z)$ 的分子和分母多项式表示为低阶多项式,数字滤波器通常可以用低阶滤波器部分级联来实现,例如,将 $H(z) = P(z)/D(z)$ 表示为

$$H(z) = \frac{P_1(z)P_2(z)P_3(z)}{D_1(z)D_2(z)D_3(z)} \qquad (2-124)$$

$H(z)$ 的不同级联实现可以由不同的多项式零极点对得到。图 2-38 和图 2-39 中给出了两种不同的实现方式。其他级联实现可以通过简单地交换各部分的顺序而得到。由此说明级联型的不同实现次序可以得到不同的结构。由于零极点对和次序的因素,式(2-124)中表示的因式形式总共有 36 种级联实现。实际应用中,由于有限字长效应的原因,每种级联方式的实现结果有所不同。

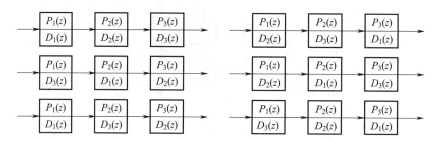

图 2-38 IIR 系统网络结构级联型实现方式一

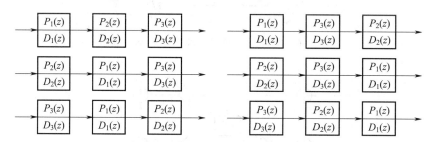

图 2-39 IIR 系统网络结构级联型实现方式二

通常,一个多项式可以分解为一阶多项式和二阶多项式的积,在这种情况下,$H(z)$ 可以表示为

$$H(z) = p_0 \prod_k \left(\frac{1 + \beta_{1k}z^{-1} + \beta_{2k}z^{-2}}{1 + \alpha_{1k}z^{-1} + \alpha_{2k}z^{-2}} \right)$$

对于一阶因式,$\alpha_{2k} = \beta_{2k} = 0$。

如一个三阶系统函数为 $H(z) = p_0 \left(\dfrac{1 + \beta_{11}z^{-1}}{1 + \alpha_{11}z^{-1}} \right) \left(\dfrac{1 + \beta_{12}z^{-1} + \beta_{22}z^{-2}}{1 + \alpha_{12}z^{-1} + \alpha_{22}z^{-2}} \right)$,它的一种可能的实现如图 2-40 所示。

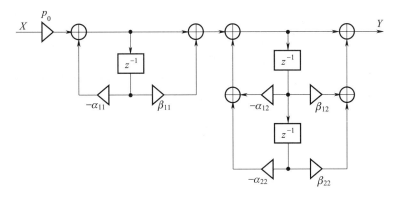

图 2-40 一阶和二阶 IIR 系统级联

3. 并联型

IIR 系统函数可以通过系统函数的部分分式展开以并联的形式来实现,如式(2-125)所示:

$$G(z) = \sum_{l=1}^{N} \frac{\rho_l}{1-\lambda_l z^{-1}} \tag{2-125}$$

系统函数的部分因式可以得到并联 I 型,因此,假设极点为简单极点,$H(z)$ 可以表示为

$$H(z) = \gamma_0 + \sum_k \left(\frac{\gamma_{0k}+\gamma_{1k}z^{-1}}{1+\alpha_{1k}z^{-1}+\alpha_{2k}z^{-2}} \right) \tag{2-126}$$

式中,对于单极点,有 $\alpha_{2k}=\gamma_{1k}=0$

例如,一个三阶无限冲激响应系统函数:

$$H(z) = \frac{0.44z^2+0.362z+0.02}{z^3+0.4z^2+0.18z-0.2} = \frac{0.44z^{-1}+0.362z^{-2}+0.02z^{-3}}{1+0.4z^{-1}+0.18z^{-2}-0.2z^{-3}}$$

$H(z)$ 通过部分分式展开得

$$H(z) = \frac{0.44z^2+0.362z+0.02}{(z^2+0.8z+0.5)(z-0.4)} = \left(\frac{0.44+0.362z^{-1}+0.02z^{-2}}{1+0.8z^{-1}+0.5z^{-2}} \right) \left(\frac{z^{-1}}{1-0.4z^{-1}} \right)$$

图 2-41(a)给出了该系统函数的直接 II 型实现,对上式进行变换整理,得到另一种并联实现,如图 2-41(b)所示。

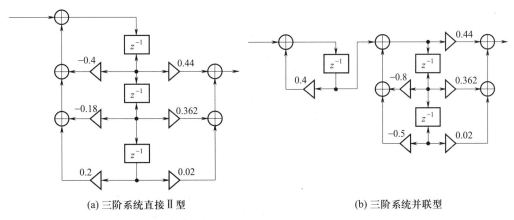

(a)三阶系统直接 II 型   (b)三阶系统并联型

图 2-41 IIR 系统网络结构并联型方框图

并联型结构的各级可并行计算,是运算速度最快的一种网络结构,需要较多的运算器。各级之间调整方便,相互影响较小。

2.9.8 有限冲激响应(FIR)系统的方框图结构

我们首先考虑有限冲激响应数字滤波器的实现。N 阶因果有限冲激响应滤波器可以用系统函数 $H(z)$ 来描述,

$$H(z) = \sum_{k=0}^{N} h(k) z^{-k} \tag{2-127}$$

上式是一个关于 z^{-k} 的 N 次多项式。在时域中,上述有限冲激响应滤波器的输入与输出关系如下:

$$y(n) = \sum_{k=0}^{N} h(k) x(n-k) \tag{2-128}$$

式中,$x(n)$ 和 $y(n)$ 分别是输入和输出序列。

由于有限冲激响应滤波器可以设计成整个频率范围内均可提供精确的线性相位的滤波器,而且总是可以独立于滤波器系数保持 BIBO 稳定,因此,在很多领域,这样的滤波器是首选。下面列出 FIR 滤波器的几种实现方法。

1. 直接型

N 阶有限冲激滤波器要用 $N+1$ 个系数来描述,通常需要 $N+1$ 个乘法器和 N 个两输入加法器来实现,按照给定的系统函数,我们可以直接画出网络结构,如图 2-42 所示。

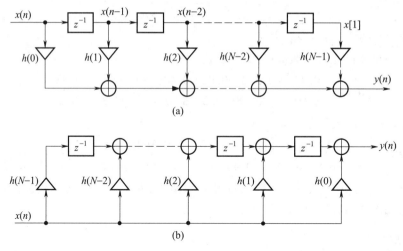

图 2-42　FIR 系统网络结构直接型方框图

FIR 的直接型结构也称卷积型结构或横向结构,FIR 系统也称为横向滤波器。

2. 级联型

高阶 FIR 系统函数可以由每部分都是一阶或者二阶的系统函数来级联实现。为此,我们将式(2-127)表示的有限冲激响应的系统函数 $H(z)$ 进行因式分解:

$$H(z) = h(0) \prod_{k=1}^{K} (1 + \beta_{1k} z^{-1} + \beta_{2k} z^{-2})$$

式中,系数 β_{1k},β_{2k} 都是实数,当 $\beta_{2k} = 0$ 时,为一阶系统。如果 N 是偶数,那么 $K = N/2$;如果 N 为奇数,那么 $K = (N+1)/2$ 且 $\beta_{2k} = 0$。图 2-43 为 FIR 系统网络结构级联型方框图。并

且,级联结构是规范结构,所以需要用 N 个两输入的加法器和 $N+1$ 个乘法器来实现 N 阶有限冲激响应的系统函数。

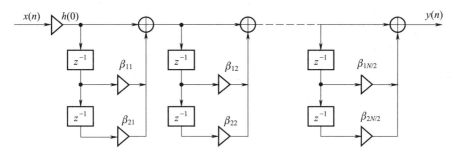

图 2-43   FIR 系统网络结构级联型方框图

本 章 要 点

本章重要的内容概括如下:

1. 离散时间信号(序列)的基本概念,基本序列的组成;

2. 离散时间系统概念,线性时不变系统,卷积表达式,因果、稳定系统概念;

3. 系统频域描述关系式及意义,频率特性的物理概念,系统对正弦类信号响应的特点;

4. 序列傅里叶变换的数学定义和物理概念描述,序列傅里叶变换的周期特点和性质;

5. 采样定理内容,采样过程中频谱的变化,模拟频率到数字频率的转化,数字频率周期概念,数字频率分布范围和规律;

6. 系统函数概念,系统性质与系统函数收敛域的关系,常系数差分方程的系统函数求解,系统函数零极点概念,从零极点分布估计系统频率响应,判断系统的滤波类型;

7. FIR 系统和 IIR 系统的分类及信号流图;

8. 离散时间信号与系统的 MATLAB 表示。

习　　题

2.1   试求下列正弦序列的周期:

(1) $x_1(n) = 3\sin(0.05 \cdot \pi \cdot n)$

(2) $x_2(n) = -\sin(0.055 \cdot \pi \cdot n)$

(3) $x_3(n) = 2\sin(0.05 \cdot \pi \cdot n) + 3\sin(0.12 \cdot \pi \cdot n)$

(4) $x_4(n) = 5\cos(0.6n)$

2.2   给定信号 $x(n) = \begin{cases} 2n+10, & -4 \leqslant n \leqslant -1 \\ 6, & 0 \leqslant n \leqslant 4 \\ 0, & \text{其他} \end{cases}$

(1) 画出 $x(n)$ 的图形,标上各点的值;

(2) 试用 $\delta(n)$ 及其相应的延迟表示 $x(n)$;

(3) 令 $y_1(n) = 2x(n-1)$,试画出 $y_1(n)$ 的图形;

（4）令 $y_1(n)=3x(n+2)$，试画出 $y_2(n)$ 的图形；

（5）将 $x(n)$ 延迟四个采样点再以 y 轴翻转，得 $y_3(n)$，画出 $y_3(n)$ 的图形；

（6）先将 $x(n)$ 翻转，再延迟四个采样点得 $y_4(n)$，试画出 $y_4(n)$ 的图形。

2.3 对题 2.2 给出的 $x(n)$：

（1）画出 $x(-n)$ 的图形；

（2）计算 $x_e(n)=\dfrac{1}{2}\left[x(n)+x(-n)\right]$，并画出 $x_e(n)$ 的图形；

（3）计算 $x_o(n)=\dfrac{1}{2}\left[x(n)-x(-n)\right]$，并画出 $x_o(n)$ 的图形；

（4）试用 $x_e(n)$、$x_o(n)$ 表示 $x(n)$，并总结将一个序列分解为一个偶对称序列与奇对称序列的方法。

2.4 设 $x_a(t)=\sin\pi t$，$x(n)=x_a(nT_s)=\sin\pi nT_s$，其中 T_s 为采样周期

（1）$x_a(t)$ 信号的模拟频率 Ω 是多少？

（2）当 $T_s=1\text{ s}$ 时，$x(n)$ 的数字频率 ω 是多少？

（3）Ω 和 ω 有什么关系？

2.5 讨论一个单位采样响应为 $h(n)$ 的线性时不变系统，如果输入 $x(n)$ 是周期为 N 的周期序列，即 $x(n)=x(n+N)$。证明，输出 $y(n)$ 也是周期为 N 的周期序列。

2.6 讨论一个输入为 $x(n)$ 的系统，系统的输入输出关系由下面两个性质确定：

$$y(n)-a\left[y(n-1)\right]=x(n),\quad y(0)=1$$

（1）判断系统是否为线性；

（2）判断系统是否为时不变；

（3）$y(0)=0$ 时，（1）或（2）的答案是否改变？

2.7 设有如下差分方程确定的系统：

当 $n\geqslant0$ 时，$y(n)+2y(n-1)+y(n-2)=x(n)$；

当 $n<0$ 时，$y(n)=0$。

（1）计算 $x(n)=\delta(n)$ 时的 $y(n)$ 在 $n=1,2,3,4,5$ 点的值；

（2）计算 $x(n)=u(n)$ 时的 $y(n)$；

（3）画出这一系统的结构图，说明系统是否稳定，并给出理由。

2.8 一个系统具有如下的单位采样响应：

$$h(n)=-\frac{1}{4}\delta(n+1)+\frac{1}{2}\delta(n)-\frac{1}{4}\delta(n-1)$$

（1）试判断系统的稳定性；

（2）试判断系统的因果性；

（3）求频率响应 $H(e^{j\omega})$；

（4）画出 $|H(e^{j\omega})|$ 和 $\arg[H(e^{j\omega})]$；

（5）该系统是属于什么类型的滤波器？

2.9 一个数字滤波器的频率响应如题 2.9 图所示：

（1）求单位采样响应 $h(n)$；

（2）$h(n)$ 是否表示 FIR 或 IIR 滤波器？说明理由。

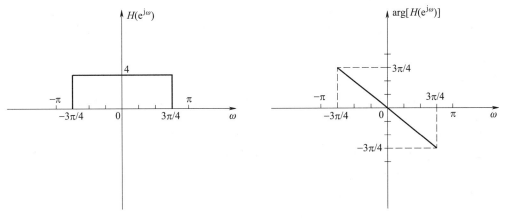

题 2.9 图

2.10 求下列序列的 z 变换及其收敛域,并画出零极点示意图。

(1) $x_a(n) = a^{|n|}, 0 < |a| < 1$;

(2) $x(n) = Ar^r \cos(\omega_0 n + \varphi) u(n), 0 < r < 1$;

(3) $x(n) = e^{-3n} \sin(\pi n/6) u(n)$。

2.11 用部分分式展开法求下列 z 变换的反变换。

$$X(z) = \frac{z(z^2 - 4z + 5)}{(z-3)(z-1)(z-2)}$$

(1) $1 < |z| < 3$;

(2) $|z| > 3$;

(3) $|z| < 1$。

2.12 试利用 $x(n)$ 的 z 变换求 $n^2 x(n)$ 的 z 变换。

2.13 一个因果系统由下面的差分方程描述

$$y(n) + \frac{1}{4}y(n-1) = x(n) + \frac{1}{2}x(n-1)$$

(1) 求系统函数 $H(z)$ 的收敛域;

(2) 求该系统的单位采样响应;

(3) 求系统的频率响应 $H(e^{j\omega})$。

2.14 用 z 变换求解下列差分方程。

(1) $y(n) = \frac{1}{2}y(n-1) + x(n), n \geq 0$

其中 $x(n) = \left(\frac{1}{2}\right)^n u(n), y(-1) = \frac{1}{4}$;

(2) $y(n) = \frac{1}{2}y(n-1) + x(n), n \geq 0$

其中 $x(n) = \left(\frac{1}{4}\right)^n u(n), y(-1) = 1$;

(3) $y(n) = y(n-1) + y(n-2) + 2, n \geq 0$
其中 $y(-2) = 1, y(-1) = 2$。

2.15 用单边 z 变换求解下列差分方程:

(1) $y(n)-y(n-1)-2y(n-2)=x(n)+2x(n-2)$,其中 $x(n)=u(n)$,$y(-1)=2$,$y(-2)=$ $-\dfrac{1}{2}$;

(2) $y(n)+3y(n-1)-2y(n-2)=x(n)$,其中 $x(n)=u(n)$,$y(-1)=0$,$y(-2)=\dfrac{1}{2}$;

(3) $y(n)-2.5y(n-1)+y(-2)=0$,其中 $y(-1)=-1$,$y(-2)=1$。

2.16 已知系统函数 $H(z)=z(z^2+1)$,收敛域为 $|z|>1$。

(1) 该系统是否是因果的,为什么?

(2) 该系统是否是稳定的,为什么?

(3) 求该系统的单位采样响应 $h(n)$;

(4) 求实现该系统的差分方程;

(5) 该系统是否是线性的,为什么?

(6) 该系统是否是时不变的,为什么?

2.17 根据系统稳定性的定义证明:在线性非移变系统中,因果性意味着:$n<0$ 时单位采样响应 $h(n)$ 等于零。同时证明:如果 $n<0$ 时系统的单位采样响应等于零,则系统必定是因果的。

第三章 离散傅里叶变换（DFT）

本章主要介绍有限长序列的一种特殊的频域表示——离散傅里叶变换（discrete Fourier transform）。离散傅里叶变换属于 DSP 基本理论的经典内容之一，离散傅里叶变换很有特点，它的变换结果是有限长和离散的。它实质上是对序列傅里叶变换在频域均匀离散的结果，因而使数字信号处理可以在频域采用数字运算的方法进行，大大增加傅里叶变换的灵活性和实用性。它不仅有重要的理论价值，而且有众多的快速算法，因此有着极大的应用价值。它解决了频谱离散计算和存储这一关键问题，在许多 DSP 系统中，DFT 算法是必不可少的。

3.1 离散傅里叶级数（DFS）

离散傅里叶级数和离散傅里叶变换之间有紧密的联系，在引出 DFT 之前，首先介绍对周期序列的傅里叶分析工具——离散傅里叶级数 DFS。

若一个序列可以表示为

$$\tilde{x}(n) = \tilde{x}(n+lN)$$

式中，l 为整数，N 为正整数，则称 $\tilde{x}(n)$ 是周期为 N 的周期序列。

严格地讲，周期序列的傅里叶变换不存在，因为它不满足序列绝对可和的条件，但仍可以进行傅里叶分析。在具体介绍 DFS 之前，有必要讨论一种重要的周期序列:复指数序列 $e_k(n) = e^{-j\frac{2\pi}{N}kn}$，它在 DFS 和 DFT 中起着非常重要的作用。

复指数序列 $e_k(n)$ 分别具有下列性质:

1. 周期性

$$W_N^{kn} = W_N^{(k+N)n} = W_N^{k(n+N)} \tag{3-1}$$

该性质说明无论对 k 还是 n，复指数序列 $e_k(n)$ 都具备周期性。这一点与连续时间信号中的复指数信号有很大区别。

2. 对称性

$$W_N^{-nk} = W_N^{(N-k)n} = W_N^{k(N-n)} \tag{3-2}$$

对称性是复指数序列周期的一种特殊表现形式，说明了该序列对称性的特点。

3. 正交性

$$\sum_{k=0}^{N-1} W_N^{nk} = \frac{1-W_N^{nN}}{1-W_N^n}$$

$$= \frac{1-e^{j\frac{2\pi}{N}nN}}{1-e^{j\frac{2\pi}{N}n}} \tag{3-3}$$

$$= \frac{1-e^{j2\pi n}}{1-e^{j\frac{2\pi}{N}n}}$$

正交性是复指数序列一个良好的性质，可以用来作正交基函数，所起的作用类似于一般的正交函数。

当 $n \neq rN, r = 0, \pm 1, \pm 2, \cdots$ 时

$$\sum_{k=0}^{N-1} W_N^{kn} = 0$$

当 $n = rN, r = 0, \pm 1, \pm 2, \cdots$ 时

$$\sum_{k=0}^{N-1} W_N^{kn} = \frac{1-W_N^{rNN}}{1-W_N^{rN}} = N$$

即

$$\sum_{k=0}^{N-1} W_N^{kn} = \begin{cases} N, & n = rN, r \text{ 为常数} \\ 0, & \text{其他} \end{cases} \tag{3-4}$$

周期性、对称性和正交性是导出 DFS、DFT 以及 FFT 算法的关键，许多推导用到了这些性质。此外，还有 $W_N^0 = 1, W_N^{N/2} = -1, W_N^r = W_{N/r}^1$ 等性质。

一个周期为 N 的序列 $\tilde{x}(n)$ 尽管是无限长的，但它的独立值只有 N 个，即只取其中一个周期就足以表示整个序列了。通常定义 $n = 0 \sim N-1$ 区间（一个完整周期）为 $\tilde{x}(n)$ 的主值区间，在该区间的序列称为主值序列 $x(n)$，即主值序列

$$x(n) = \tilde{x}(n) = \tilde{x}(n) R_N(n), 0 \leq n \leq N-1 \tag{3-5}$$

其中

$$R_N(n) = \begin{cases} 1, & 0 \leq n \leq N-1 \\ 0, & \text{其他} \end{cases}$$

同样，也可以用 $\tilde{x}(n)$ 来表示 $x(n)$

$$\tilde{x}(n) = \sum_{r=-\infty}^{\infty} x(n+rN) \tag{3-6}$$

或

$$\tilde{x}(n) = x((n))_N$$

其中，$((n))_N$ 表示模 N 求余运算，即求 n 对 N 的余数。

显然，在用 $x(n)$ 来表示 $\tilde{x}(n)$ 时，N 的大小选择很重要，若 N 太小，则周期延拓后，会发生重叠，延拓后的周期序列就不等于原来的周期序列了，会使 $\tilde{x}(n)$ 失真。要保证不失真，必须使 N 大于等于信号的非零值长度。

周期序列不满足绝对可和条件，因此，不能通过 z 变换和序列傅里叶变换进行分析，但可以采用另一种分析方法——离散傅里叶级数（DFS）。

3.1.1　有限长序列的离散频域表示

我们在"信号与系统"课程中已学过三种傅里叶分析工具，它们分别应用于不同性质

的信号。

（1）应用于连续周期信号——傅里叶级数展开

$$x_a(t) = \sum_{k=-\infty}^{\infty} C_k e^{j\frac{2\pi}{T}kt} \tag{3-7}$$

$$C_k = \frac{1}{T} \int_{-\frac{T}{2}}^{\frac{T}{2}} x_a(t) e^{-j\frac{2\pi}{T}kt} dt \tag{3-8}$$

式中，T 是信号 $x_a(t)$ 的周期，C_k 表示了 $x_a(t)$ 的频谱，它具有时域连续周期对应频域离散非周期的特点。

（2）应用于连续非周期信号——连续傅里叶变换

$$x(t) = \frac{1}{2\pi} \int_{-\infty}^{\infty} X(j\Omega) e^{j\Omega t} d\Omega \tag{3-9}$$

$$X(j\Omega) = \int_{-\infty}^{\infty} x(t) e^{-j\Omega t} dt \tag{3-10}$$

式中，$X(j\Omega)$ 表示了信号 $x(t)$ 的频谱，它具有时域连续非周期对应频域连续非周期的特点。

（3）应用于离散非周期序列——序列傅里叶变换

$$x(n) = \frac{1}{2\pi} \int_{-\pi}^{\pi} X(e^{j\omega}) e^{j\omega n} d\omega \tag{3-11}$$

$$X(e^{j\omega}) = \sum_{n=-\infty}^{\infty} x(n) e^{-j\omega n} \tag{3-12}$$

式中，$X(e^{j\omega})$ 表示了序列 $x(n)$ 的频谱，它具有时域离散非周期对应频域连续周期的特点。

下面将要介绍的离散傅里叶级数是用于离散周期序列的一种傅里叶分析工具。

设任意一个周期序列 $\tilde{x}(n)$ 的周期为 N，以 N 对应的频率作为基频构成傅里叶级数展开所需要的复指数序列 $e_k(n) = e^{j\frac{2\pi}{N}kn}$，$k$ 为任意整数，$e_k(n)$ 表示 k 次谐波频率分量。显然，$e_k(n)$ 是一个以 N 为周期的周期序列，即

$$e_{k+rN}(n) = e^{j\frac{2\pi}{N}(k+rN)n} = e_k(n) \tag{3-13}$$

这说明 $e_k(n)$ 中独立的分量只有 N 个，为简单起见，选择 $k=0,1,2,\cdots,N-1$ 这 N 个 $e_k(n)$ 作为 DFS 展开所需的复指数基函数，这样只用 N 个分量 $e_0(n)$，$e_1(n)$，$e_2(n)$，$\cdots$，$e_{N-1}(n)$，就可以表示出周期序列的频谱特征。这 N 个独立的频率分量分别为：直流、1 次谐波、2 次谐波、$\cdots$、$N-1$ 次谐波，它们代表的频率分别为：0、$\dfrac{2\pi}{N}$、$\dfrac{2\pi}{N}2$、$\cdots$、$\dfrac{2\pi}{N}(N-1)$，正好覆盖了频率的一个周期。所以，得到了如下的基本表示式

$$\tilde{x}(n) = \frac{1}{N} \sum_{k=0}^{N-1} X(k) e^{j\frac{2\pi}{T}kn} \tag{3-14a}$$

式中，$1/N$ 是为了归一化处理进行的。展开系数 $X(k)$ 表示了 $\tilde{x}(n)$ 中的 k 次谐波分量的幅度大小和相位，因而具有频谱的意义。由于采用了 N 个独立的谐波分量，独立的 $X(k)$ 只有 N 个，或者说 $X(k)$ 也是以 N 为周期的，即有 $\widetilde{X}(k+N) = \widetilde{X}(k)$。

对式（3-14a）两边乘上 $e^{-j\frac{2\pi}{N}nr}$，然后对 n 求和，可得

$$\sum_{n=0}^{N-1} \tilde{x}(n) e^{-j\frac{2\pi}{N}nr} = \frac{1}{N} \sum_{n=0}^{N-1} \sum_{k=0}^{N-1} \widetilde{X}(k) e^{j\frac{2\pi}{N}(k-r)n} = \sum_{k=0}^{N-1} \widetilde{X}(k) \frac{1}{N} \sum_{n=0}^{N-1} e^{j\frac{2\pi}{N}(k-r)n} \tag{3-14b}$$

根据 $e^{j\frac{2\pi}{N}nr}$ 的正交性,有

$$\frac{1}{N}\sum_{n=0}^{N-1}e^{j\frac{2\pi}{N}(k-r)n}=\begin{cases}1, & \text{当 }k=r\\0, & \text{其他}\end{cases}$$

所以,由式(3-14b)可得

$$\widetilde{X}(r)=\sum_{n=0}^{N-1}\widetilde{x}(n)e^{-j\frac{2\pi}{N}nr}$$

将上式中的 r 统一换成 k,则有

$$\widetilde{X}(k)=\sum_{n=0}^{N-1}\widetilde{x}(n)e^{-j\frac{2\pi}{N}kn} \qquad (3-15)$$

式(3-15)说明,建立在式(3-14)基础上的傅里叶级数是存在的,展开系数 $\widetilde{X}(k)$ 是可解的。式(3-15)和式(3-14)构成了离散傅里叶级数(DFS)的一组公式,重写如下:

$$\widetilde{X}(k)=\sum_{n=0}^{N-1}\widetilde{x}(n)W_N^{kn} \qquad (3-16)$$

$$\widetilde{x}(n)=\frac{1}{N}\sum_{k=0}^{N-1}\widetilde{X}(k)W_N^{-kn} \qquad (3-17)$$

式中,$W_N=e^{-j\frac{2\pi}{N}}$,称为 W 因子。第一式通常称为分析式,第二式称为综合式。

DFS 的特点是时域离散周期对应频域离散周期。其中离散性对于数字运算相当实用,周期性可以简化序列的有限存储。DFS 的意义仍然表现为傅里叶分析的频谱特征。

3.1.2　DFS 的性质

设 $\widetilde{x}(n)$ 为周期序列,周期为 N,它的 DFS 为 $\widetilde{X}(k)$,两者的关系记为

$$\widetilde{x}(n)\leftrightarrow\widetilde{X}(k)$$

或

$$\left.\begin{array}{l}\widetilde{X}(k)=\text{DFS}\big[\widetilde{x}(n)\big]\\\widetilde{x}(n)=\text{IDFS}\big[\widetilde{X}(k)\big]\end{array}\right\} \qquad (3-18)$$

1. 线性性质

设 a、b 为常数,则有

$$a\widetilde{x}(n)+b\widetilde{y}(n)\leftrightarrow a\widetilde{X}(k)+b\widetilde{Y}(k) \qquad (3-19)$$

2. 时域移位性

设 m 为常数,则有

$$\widetilde{x}(n+m)\leftrightarrow W_N^{-mk}\widetilde{X}(k) \qquad (3-20)$$

3. 频域移位性(调制性)

$$W_N^{nl}\widetilde{x}(n)\leftrightarrow\widetilde{X}(k+l) \qquad (3-21)$$

4. 周期卷积

设周期序列 $\widetilde{x}(n)$、$\widetilde{y}(n)$ 的周期为 N,DFS 分别为 $\widetilde{X}(k)$、$\widetilde{Y}(k)$,记 $\widetilde{f}(n)$ 为

$$\widetilde{f}(n)=\sum_{m=0}^{N-1}\widetilde{x}(m)\widetilde{y}(n-m) \qquad (3-22)$$

则有

$$\text{DFS}\big[\widetilde{f}(n)\big]=\widetilde{X}(k)\widetilde{Y}(k) \qquad (3-23)$$

周期卷积的特点是卷积求和限制在一个周期内,只需求 $n=0,1,2,\cdots,$

1-6 DFS 的周期卷积证明

$N-1$,即移位向右移 $0,1,\cdots,N-1$,结果也为相同周期的周期序列。

特别要注意,这种卷积不表示线性时不变系统概念,即不代表任何系统的处理,仅是一种单纯的数学运算形式。通常的卷积具有明确的物理意义,表示系统的处理过程,一般称作线性卷积。

相应的频域周期卷积公式为

$$\mathrm{DFS}[\tilde{x}(n)\tilde{y}(n)] = \frac{1}{N}\sum_{l=0}^{N-1}\tilde{X}(l)\tilde{Y}(k-l) \qquad (3-24)$$

3.2 离散傅里叶变换（DFT）

3.2.1 离散傅里叶变换的定义

设一个有限长序列 $x(n)$,$n=0,1,2,\cdots,N-1$,N 为其序列长度。对有限长序列 $x(n)$ 作 z 变换或序列傅里叶变换都是可行的,或者说,有限长序列 $x(n)$ 的频域和复频域分析在理论上都已经解决,但对于数字系统,无论是 z 变换还是序列傅里叶变换在实用方面都存在一些问题,主要是频域变量的连续性性质,不便于数字运算和存储。上一节对 DFS 的讨论中,我们发现 DFS 是一种离散的频域表示,而且独立的频率分量只有 N 个,因此,DFS 是一种非常适合于 DSP 系统存储和计算的傅里叶工具。实际中,由于 DSP 系统容量限制,$x(n)$ 总是有限长度的,一般不是周期的,即使是周期的,其周期也是未知的。那么能否实现用 DFS 对有限长序列 $x(n)$ 进行频域分析呢？或者说,能否找到类似于 DFS 那样实用、有效的傅里叶变换呢？回答是肯定的。解决这一问题的关键在于,如何建立有限长序列 $x(n)$ 和一个周期序列之间的关系。

对一个周期序列 $\tilde{x}(n)$,尽管它是无限长的,但实际上,信息都包含在一个周期里,在表示和存储它时,我们完全可以只用它的一个周期,或是只选它的"主值序列"。从这一点来看,它与这个有限长的"主值序列"是完全相同的;反过来看,我们把一个有限长序列用周期序列的观点来看也是可以的。虽然实际的信号 $x(n)$ 为有限长序列,但将其看成某个周期序列的"主值序列"是可以的,两者的关系为

$$x(n) = \tilde{x}(n)R_N(n) \qquad (3-25)$$

$$\tilde{x}(n) = \sum_{r=-\infty}^{\infty} x(n+rN) \qquad (3-26)$$

从所包含的信息来看,$\tilde{x}(n)$ 和 $x(n)$ 是完全相同的。但需注意,$\tilde{x}(n)$ 不是随意的,它一定是以原序列 $x(n)$ 为周期进行周期延拓后形成的。当得到 $\tilde{x}(n)$ 以后,它的频谱分析完全可以用 DFS 来表示和实现,即用 $\tilde{X}(k)$ 来表示原有限长序列 $x(n)$ 的频谱,即

$$\tilde{X}(k) = \sum_{n=0}^{N-1} \tilde{x}(n)W_N^{kn}$$
$$= \sum_{n=0}^{N-1} x(n)W_N^{kn} \qquad (3-27)$$

当然,得到的 $\tilde{X}(k)$ 也是周期的,从实用性和有限长的特点考虑,对 $\tilde{X}(k)$ 取它的主值序列 $X(k)$,作为 $x(n)$ 的一种新的傅里叶变换,称为有限长序列的离散傅里叶变换。即,$X(k)$ 定义为

$$X(k) = \widetilde{X}(k) R_N(k)$$

$$= \left[\sum_{n=0}^{N-1} x(n) W_N^{kn} \right] R_N(k)$$

或

$$X(k) = \begin{cases} \displaystyle\sum_{n=0}^{N-1} x(n) W_N^{kn}, & 0 \leqslant k \leqslant N-1 \\ 0, & \text{其他} \end{cases} \tag{3-28}$$

称 $X(k)$ 为 $x(n)$ 的 N 点离散傅里叶变换。

反变换的定义与正变换类似，由于 $X(k)$ 本身就来源于 $\widetilde{X}(k)$，所以将 $X(k)$ 看成是周期的，然后根据式（3-17）进行逆离散傅里叶级数计算，结果应为 $\tilde{x}(n)$，截取它的主值序列应等于原来的有限长序列 $x(n)$，因此，反变换公式为

$$x(n) = \frac{1}{N} \left[\sum_{k=0}^{N-1} X(k) W_N^{-kn} \right] R_N(n)$$

或

$$x(n) = \begin{cases} \displaystyle\frac{1}{N} \sum_{n=0}^{N-1} X(k) W_N^{-kn}, & 0 \leqslant k \leqslant N-1 \\ 0, & \text{其他} \end{cases} \tag{3-29}$$

式（3-28）和式（3-29）即为著名的 DFT 定义式。

从表达式上看，DFT 与 DFS 的定义式基本一致，但要注意它们之间的区别。DFT 是借用了 DFS，这样就假定了序列的周期性，但定义式本身对区间作了强制约束，以符合有限长的特点，这种约束不改变周期性的实质，或者说，DFT 隐含了周期性。这种建立有限长和周期性之间等效关系的手段，一般不会对原信号的时域和频域产生影响，只有极个别情况例外。这种解决问题的思路是非常巧妙的，它解决了频谱的离散表示及与之相关的大量的数字处理，是数字信号处理理论中非常重要的内容。另外，它有实时性很强的快速算法，因此，DFT 不仅具有重要的理论意义，还有极大的实用价值。

DFT 具有如下特点：

（1）DFT 隐含周期性。DFT 来源于 DFS，尽管定义式中已将其限定为有限长，在本质上，$x(n)$、$X(k)$ 都已经变成周期的序列。

（2）DFT 只适用于有限序列。DFT 处理一定是要对 $x(n)$ 进行周期化处理的，若 $x(n)$ 无限长，变成周期序列后各周期必然混叠，造成信号失真。因此，要先进行截断处理，使之为有限长，然后进行 DFT。

（3）DFT 的正反变换的数学运算非常相似，无论硬件还是软件实现都比较容易。

【例 3-1】 求 $x(n) = \cos\left(\dfrac{\pi}{6}n\right) R_N(n)$ 的 N 点 DFT，其中，$N = 12$。

解 按定义直接求解如下：

$$X(k) = \sum_{n=0}^{11} \cos\left(\frac{\pi}{6}n\right) W_N^{nk} = \sum_{n=0}^{11} \frac{e^{j\frac{\pi}{6}n} + e^{-j\frac{\pi}{6}n}}{2} e^{-j\frac{2\pi}{12}nk}$$

$$= \frac{1}{2} \sum_{n=0}^{11} e^{-j\frac{2\pi}{12}(1-k)n} + \frac{1}{2} \sum_{n=0}^{11} e^{-j\frac{2\pi}{12}(1+k)n}$$

根据复指数的正交性，上式等号右边的第一项只有当 $k=1$ 时，结果为 6；k 为其他值时，结果为 0。等号右边第二项只有当 $k=11$ 时，结果为 6；k 为其他值时，结果为 0，所以

$$X(k) = \begin{cases} 6, & k=1,11 \\ 0, & \text{其他} \end{cases}$$

这个结果正确反映了余弦序列的频谱特征，其中，$k=1$ 代表正频率分量，$k=11$ 代表负频率分量。

3.2.2 DFT 的性质

设 $x(n)$、$y(n)$ 均为 N 点的有限长序列，其 DFT 分别为 $X(k)$、$Y(k)$，它们的关系可记为

$$X(k) = \text{DFT}[x(n)], Y(k) = \text{DFT}[y(n)]$$

或

$$x(n) \leftrightarrow X(k), y(n) \leftrightarrow Y(k)$$

1. 线性性质

$$ax(n) + by(n) \leftrightarrow aX(k) + bY(k) \tag{3-30}$$

式中，a、b 均为常数，DFT 的点数取两个序列中最长的点数。

2. 圆周移位性质

定义有限长序列 $x(n)$ 的 N 点圆周移位序列 $f(n)$ 为

$$f(n) = x(n+m)R_N(n) \tag{3-31}$$

先将 $x(n)$ 进行①周期延拓 $x(n) = \tilde{x}(n)_N$，再进行②移位 $\tilde{x}(n+m) = x(n+m)_N$，最后③取主值序列 $f(n) = x(n+m)_N R_N(n)$。图 3-1 表示了一个有限长序列和它的圆周移位序列的关系。

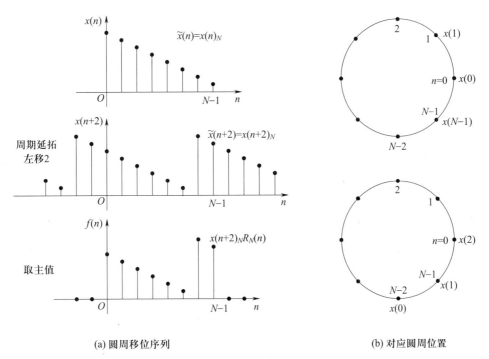

(a) 圆周移位序列　　　　　(b) 对应圆周位置

图 3-1　有限长序列和它的圆周移位序列的关系

取主值序列时，只观察 $n=0\sim N-1$ 这一主值区间，当某一采样从此区间一端移出时，与它相同值的采样又从此区间的另一端进来。如果把 $x(n)$ 排列在一个 N 等份的圆周上，$x(n)$ 序列的移位就相当于 $\tilde{x}(n)$ 在圆周上旋转，故称作圆周移位。围着圆周观察几圈，看到的就是周期序列。

圆周移位序列的 DFT 和原序列的 DFT 的关系表示了这种性质

$$F(k) = W_N^{-kn} X(k), 0 \leqslant k \leqslant N-1 \qquad (3-32)$$

同理，也有相应的频域圆周移位性质

$$W_N^{ln} x(n) \Leftrightarrow X(k+l)_N R_N(k) \qquad (3-33)$$

1-7 DFT 圆周移位性质证明

3. 对称性

首先引入下列序列形式的一种符号，$x(N-n)$ 由原序列 $x(n)$ 而来，仍为有限长。

$$x(N-n) = \begin{cases} x(0), & n=0 \\ x(N-n), & n=1,2,\cdots,N-1 \\ 0, & \text{其他} \end{cases} \qquad (3-34)$$

（1）复共轭序列的 DFT

$$x^*(n) \leftrightarrow X^*(N-k) \qquad (3-35)$$

（2）复共轭序列的 DFT 其他两种形式

$$x^*(N-n) \leftrightarrow X^*(k)$$

$$x(N-n) \leftrightarrow X(N-k)$$

1-8 DFT 的对称性证明

4. 卷积特性

$$f(n) = \left[\sum_{m=0}^{N-1} x(m) y((n-m))_N \right] R_N(n) \qquad (3-36)$$

这种运算形式称为"圆周卷积"，也称"周期卷积"或"循环卷积"。记为

$$f(n) = x(n) \otimes y(n) = x(n) y(n)$$
$$f(n) \leftrightarrow X(k) Y(k) \qquad (3-37)$$

圆周卷积过程步骤如下：

（1）$x(m)$ 进行周期延拓 $\tilde{x}(m) = x(m)_N$；

（2）反转 $\tilde{y}(-m) = y(-m)_N$；

（3）取主值序列 $y(-m)_N R_N(m)$；

（4）循环移位 $y(n-m)_N R_N(m)$；

（5）相乘相加得到 $\displaystyle\sum_{m=0}^{N-1} x(m) y(n-m)_N R_N(n) = f(n)$。

相应的频域卷积特性为

1-9 DFT 的卷积特性证明

$$\text{DFT}[x(n) y(n)] = \left[\frac{1}{N} \sum_{l=0}^{N-1} X(l) Y((k-l))_N \right] R_N(k)$$

5. 帕塞瓦尔定理

$$\sum_{n=0}^{N-1} x(n) \cdot y^*(n) = \frac{1}{N} \sum_{k=0}^{N-1} X(k) Y^*(k) \qquad (3-38)$$

$$\sum_{n=0}^{N-1} |x(n)|^2 = \frac{1}{N} \sum_{k=0}^{N-1} |X(k)|^2$$

该性质的第二个关系式表明了时域能量和频域能量的守恒性。

表 3-1 归纳了 DFT 常见的特性。

表 3-1　DFT 常见的特性

序列	DFT
$ax(n)+by(n)$	$aX(k)+bY(k)$
$x(n+m)_N R_N(n)$	$W_N^{-mk}X(k)$
$W_N^{ln}x(n)$	$X((k+l))_N R_N(k)$
$x(n)\otimes y(n)=\displaystyle\sum_{m=0}^{N-1}x(m)y(n-m)_N R_N(n)$	$\dfrac{1}{N}\displaystyle\sum_{l=0}^{N-1}X(l)Y(k-l)_N R_N(k)$
$x(n)\cdot y(n)$	$X(k)\cdot Y(k)$
$x^*(n)$	$X^*(N-k)$
$\mathrm{Re}[x(n)]$	$X_{ep}(k)=\dfrac{1}{2}[X(k)+X^*(N-k)]$
$j\mathrm{Im}[x(x)]$	$X_{op}(k)=\dfrac{1}{2}[X(k)-X^*(N-k)]$
$x_{ep}(n)$	$\mathrm{Re}[X(k)]$
$x_{op}(n)$	$j\mathrm{Im}[X(k)]$
$\displaystyle\sum_{n=0}^{N-1}x(n)y^*(n)=\dfrac{1}{N}\sum_{k=0}^{N-1}X(k)Y^*(k)$	
$\displaystyle\sum_{n=0}^{N-1}\lvert x(n)\rvert^2=\dfrac{1}{N}\sum_{k=0}^{N-1}\lvert X(k)\rvert^2$	
对任意序列 $x(n)=x^*(n)=\mathrm{Re}[x(n)]$	$X(k)=X^*(N-k)$ $\lvert X(k)\rvert=\lvert X(N-k)\rvert$ $\arg[X(k)]=-\arg[X(N-k)]$ $\mathrm{Re}[X(k)]=\mathrm{Re}[X(N-k)]$ $\mathrm{Im}[X(k)]=-\mathrm{Im}[X(N-k)]$

3.2.3　有限长序列的线性卷积和圆周卷积

　　3.2.2 节介绍的圆周卷积与描述线性时不变系统的卷积在形式上有些相似，但后者有着明确的物理意义，它在时域描述了线性时不变系统的处理，这种卷积也称作"线性卷积"，而圆周卷积仅仅是一种数学运算形式。但是，由于序列时域圆周卷积所对应的 DFT 频域运算简单，使得能够应用快速傅里叶变换算法来求解圆周卷积。因此，如果能够建立线性卷积和圆周卷积之间的关系，就能够找到一种通过计算圆周卷积实现线性卷积的快速算法，因为在大多数情况下，圆周卷积计算比线性卷积计算的速度快。下面将要介绍的就是基于这种思路的快速卷积算法。

　　设 $x(n)$ 为 M 点序列，$y(n)$ 为 N 点序列，两个序列的线性卷积和圆周线性卷积分别记为

$$f(n)=x(n)*y(n)　　长度：L_1=M+N-1$$
$$f_c(n)=x(n)\otimes y(n)　　长度：L_2=\max(N,M)$$

一般情况下：

$$f(n) \neq f_c(n), L_1 > L_2 \tag{3-39}$$

求 L 点 $f_c(n)$，将圆周卷积长度设定为 $L > \max(M, N)$，则有

$$f_c(n) = x(n) \otimes y(n)$$

$$= \left[\sum_{m=0}^{L-1} x(m) y(n-m)_L \right] \cdot R_L(n)$$

$$= \left[\sum_{m=0}^{M-1} x(m) y(n-m)_L \right] \cdot R_L(n)$$

$$= \left[\sum_{m=0}^{M-1} x(m) \sum_{r=-\infty}^{\infty} y(n-m+rL) \right] \cdot R_L(n)$$

$$= \left\{ \sum_{r=-\infty}^{\infty} \left[\sum_{m=0}^{M-1} x(m) y(n+rL-m) \right] \right\} \cdot R_L(n)$$

$$= \left\{ \sum_{r=-\infty}^{\infty} \left[x(n+rL) * y(n+rL) \right] \right\} R_L(n)$$

$$= \left[\sum_{r=-\infty}^{\infty} f(n+rL) \right] R_L(n)$$

由此可见，圆周卷积 $f_c(n)$ 等于一个周期序列的主值序列，该周期序列是线性卷积 $f(n)$ 以 L 为周期进行周期延拓的结果，因此，当 $L \geq L_1$ 满足时，$f_c(n)$ 必然等于 $f(n)$，但是，如果 $L < L_1$，则，$f_c(n)$ 不等于 $f(n)$。

当 $L \geq M+N-1$ 时

$$f(n) = f_c(n) \tag{3-40}$$

当 $L_1/2 \geq L \geq L_1$ 时，存在部分混叠，为

$$f_c(n) \begin{cases} \neq f(n), & 0 \leq n \leq L_1 - L - 1 \\ = f(n), & L_1 - L \leq n \leq L - 1 \\ \neq f(n), & L < n \leq L_1 - 1 \end{cases} \tag{3-41}$$

当 $L < L_1/2$ 时，全部混叠。

由以上分析可以得到一个结论：在一定条件下，圆周卷积和线性卷积是相等的，可以采用计算圆周卷积来代替线性卷积的计算，可归纳为下面的步骤：

（1）确定线性卷积长度 L_1，$L_1 = M+N-1$。

（2）改变原序列的长度为 L_1，得到序列 $x_1(n)$ 和 $y_1(n)$ 分别为

$$x_1(n) = \begin{cases} x(n), & 0 \leq n \leq M-1 \\ 0, & M \leq n \leq L_1 - 1 \end{cases}$$

$$y_1(n) = \begin{cases} y(n), & 0 \leq n \leq N-1 \\ 0, & N \leq n \leq L_1 - 1 \end{cases}$$

（3）求序列 $x_1(n)$ 和 $y_1(n)$ 的 L_1 点的圆周卷积

$$f_c(n) = x_1(n) \otimes y_1(n)$$

$$= x(n) * y(n)$$

$$= f(n)$$

序列的 N 点循环卷积是序列线性卷积（以 N 为周期）周期延拓序列的主值序列，因

此,当 $N \geqslant N_1 + N_2 - 1$ 时,线性卷积与循环卷积相同。表 3-2 是循环卷积与线性卷积的对比。

表 3-2　循环卷积与线性卷积的对比

循环卷积	线性卷积
是针对 DFT 引出的一种表示方法	信号通过 LTI 系统时,输出等于输入与系统单位采样响应的卷积
两序列长度必须相等,不相等时按要求进行补零操作	两序列长度可以相等,也可以不等
卷积结果长度与两个长度相等,均为 N	卷积结果长度 $N = N_1 + N_2 - 1$

3.2.4　$X(k)$ 与 z 变换 $X(z)$、序列傅里叶变换 $X(e^{j\omega})$ 之间的关系

本节的内容可以用来解释有限长序列的离散傅里叶变换 $X(k)$ 的频域意义。定义

$$X(z) = \sum_{n=0}^{N-1} x(n) z^{-n}$$

$$X(e^{j\omega}) = \sum_{n=0}^{N-1} x(n) e^{-j\omega n}$$

对有限长序列 $x(n)$,它的 $X(z)$ 和 $X(e^{j\omega})$ 都存在,与 $X(k)$ 的定义式比较后容易发现,三者存在下列的等效关系:

$$X(k) = X(z) \Big|_{z=W_N^{-k}} = X(e^{j\omega}) \Big|_{\omega = \frac{2\pi}{N}k} \tag{3-42}$$

即 $X(k)$ 是 $X(z)$ 在 z 平面单位圆上 N 等分的离散值,为 $X(e^{j\omega})$ 在 $\omega = 0 \sim 2\pi$ 内的 N 等分点上的离散值。即 $X(k)$ 的物理含义仍为序列频谱,与 $X(e^{j\omega})$ 相比,改变的仅仅是它的表示形式,变成了有限个离散的频谱,而这正是我们所需要的。也可以这样说,DFT 的过程实际上完成了对 $X(e^{j\omega})$ 的离散过程,这个过程,是按照 DFT 定义式的计算完成的,DFT 的这种频域离散概念是非常有用和重要的。

虽然我们已经定性解释了 DFT 的离散频谱概念,但仍有一个问题存在:离散的 $X(k)$ 能否精确表示连续的 $X(e^{j\omega})$? 这个问题将在 3.3 节进行讨论。

3.3　频域采样理论

本节要讨论的主要问题是:DFT 是否能在频域精确代表序列的频谱? 条件是什么? 有没有误差? 误差是怎样造成的?

设 $x(n)$ 满足 z 变换收敛条件,其 z 变换为

$$X(z) = \sum_{n=-\infty}^{\infty} x(n) z^{-n}$$

对 $X(z)$ 在单位圆上进行 N 等分采样,得到 N 个离散的 $X(z)$,记为 $X_N(k)$,有

$$X_N(k) = X(z) \Big|_{z=W_N^{-k}}$$

$$= \sum_{n=-\infty}^{\infty} x(n) W_N^{nk}, 0 \leqslant k \leqslant N-1$$

求 $X_N(k)$ 的 N 点离散傅里叶逆变换,记为 $x_N(n)$,目的是考察它是否和原序列相等。解得

$$x_N(n) = \left[\frac{1}{N} \sum_{k=0}^{N-1} X_N(k) W_N^{-kn} \right] \cdot R_N(n)$$

$$= \left\{ \frac{1}{N} \sum_{k=0}^{N-1} \left[\sum_{m=-\infty}^{\infty} x(m) W_N^{km} \right] W_N^{-kn} \right\} \cdot R_N(n)$$

$$= \left\{ \sum_{m=-\infty}^{\infty} x(m) \frac{1}{N} \sum_{k=0}^{N-1} W_N^{k(m-n)} \right\} R_N(n)$$

$$= \left\{ \sum_{r=-\infty}^{\infty} x(n+rN) \right\} \cdot R_N(n)$$

由上式可见，$x_N(n)$ 是原序列 $x(n)$ 以 N 为周期进行周期延拓后的主值序列。实际上，更确切地说，$x_N(n)$ 本身是周期序列，时域加窗是最后的截断处理。换句话说，在频域的采样导致时域序列变成了周期序列，周期等于频域的采样点数（频域采样间隔的倒数）。这种变化与时域采样、频域形成周期有很大的相似。

那么 $x_N(n)$ 是否能等于 $x(n)$ 呢？取决于哪些因素呢？上述分析表明：关键的参数是 N，即一个频域周期 2π 内离散的点数，或频域的离散间隔 $2\pi/N$。也就是说，z 平面单位圆上的采样点数（频域采样间隔）决定了 $x_N(n)$ 的质量。

设 $x(n)$ 的长度为 M，即

$$x(n) = \begin{cases} x(n), & 0 \leqslant n \leqslant N-1 \\ 0, & \text{其他} \end{cases}$$

若 $N<M$，则频域采样后时域各周期会发生重叠，$x_N(n) \neq x(n)$，或者说，由于频域采样点太少，频域采样间隔太大，使得离散的 $X_N(k)$ 不能完全代表 $X(e^{j\omega})$，$X_N(k)$ 反变换得到的 $x_N(n)$ 也不会等于 $x(n)$。

若 $N \geqslant M$，各频域采样后时域各周期不重叠，此时 $x_N(n) = x(n)$，即离散的 $X_N(k)$ 完全可以代表 $X(e^{j\omega})$，两者得到的时域序列完全相同，因此，在频域对频谱的采样只要满足一定采样间隔是可以满足 $x_N(n)$ 等于 $x(n)$ 的。

3.2 节已经定性了序列 DFT 是它的序列傅里叶变换的频域离散，也是它的 z 变换在单位圆上的离散。所以，根据上面的分析我们可以回答前面提出的几个问题了。

一个 N 点序列 $x(n)$ 的 N 点 DFT 记为 $X(k)$，$X(k)$ 可以精确表示它的频谱 $X(e^{j\omega})$ 和 z 变换 $X(z)$，不失真的条件是：DFT 的点数要大于或等于序列的长度。这一条件也可以表达成：频域采样间隔要小于或等于 $2\pi/N$。DFT 的定义正好符合这一条件，且取了最少的点数。上述条件要成立还有一个重要的前提：序列 $x(n)$ 必须是有限长序列。或者说，精确的 DFT 只能针对有限长序列，否则，$X(k)$ 只能近似表示 $X(e^{j\omega})$ 和 $X(z)$。

既然有限长序列 $X(k)$、$X(e^{j\omega})$ 和 $X(z)$ 是可以完全相等的，下面推导三者的关系式，主要是用 $X(k)$ 来表示 $X(e^{j\omega})$ 和 $X(z)$。

序列的 DFT 过程还可以用时域和频域的一系列变化来直观解释，如图 3-2 所示。

综上所述，有限长序列 $x(n)$ 和它的 $X(z)$、$X(e^{j\omega})$ 均可以用 $X(k)$ 来表示，$X(k)$ 是它们的另一种表示形式。这反映出一个函数可以用不同的正交基函数表示，从而获得不同的定义和结果。用 $X(k)$ 表示和分析系统有很多优点，$X(k)$ 容易从 $x(n)$ 求解，计算和存储非常有效和方便。因而它不仅具有理论意义，而且具有非常大的实用价值。

1-10　有限长序列关系式推导

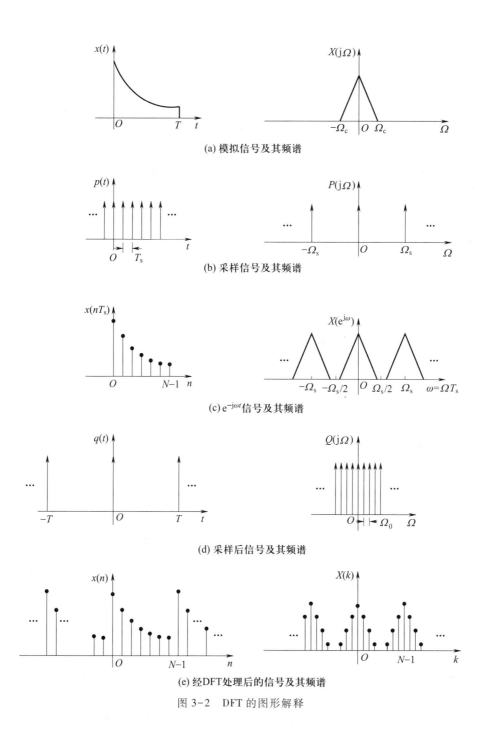

(a) 模拟信号及其频谱

(b) 采样信号及其频谱

(c) $e^{-j\omega t}$ 信号及其频谱

(d) 采样后信号及其频谱

(e) 经DFT处理后的信号及其频谱

图 3-2　DFT 的图形解释

3.4　频率分辨率与 DFT 参数的选择

　　频率分辨率可以从两个方面来定义,第一种定义是广义的,一般用来刻画某一种频谱分析方法能够分辨离得很近的两个频率分量的能力,也称作频率分辨力。第二种定义是狭义的,专门用于刻画 DFT 的一种频谱分析性能,是指某点数条件下 DFT 所表示的最小频率间隔,这种定义不一定具有第一种频率分辨率的含义。

　　第一种定义往往作为比较和检验不同谱分析方法分辨性能优劣的标准,在很大程度上，它一般由信号的分析长度决定。以序列傅里叶变换为例，对一个有限长序列，基于序列傅里叶变换的谱分析方法的质量主要由采样的序列点数决定，或者说，由矩形窗的宽度决定。为了更清楚地说明频率分辨率与矩形窗宽度的关系，假定序列 $x(n)$ 是由两个单一频率的余弦序列构成，频率分别为 ω_1、ω_2，相应的 N 点有限长序列记为 $x_N(n)$，则有

$$x_N(n) = x(n)R_N(n)$$

根据傅里叶变换的性质可得它们的序列傅里叶变换的关系为

$$X_N(e^{j\omega}) = X(e^{j\omega}) * W_R(e^{j\omega})$$

其中，$W_R(e^{j\omega})$ 是矩形窗的傅里叶变换。

序列 $x(n)$ 频谱 $X(e^{j\omega})$ 是两个位置为 $\pm\omega_0$ 的 δ 函数，分别表示序列 $x(n)$ 的正、负频率，如图 3-3 所示。

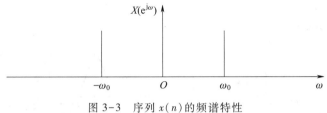

图 3-3　序列 $x(n)$ 的频谱特性

从图 3-3 中可以得到，能够分辨两个信号的最小频率间隔等于矩形窗谱的主瓣宽度，即

$$\frac{4\pi}{N} \leqslant |\omega_2 - \omega_1|$$

表示成模拟频率的表达式为

$$\frac{2f_s}{N} \leqslant |f_2 - f_1|$$

用 DFT 进行频谱分析时，DFT 的谱线间隔表示了一种频率分辨率的意义，DFT 的谱线间隔等于 $\frac{2\pi}{N}$，所以，等效的频率分辨率为

$$\Delta f = \frac{f_s}{N}$$

这种频率分辨率仅仅在 N 等于序列实际点数时具有频率分辨率的意义，当 DFT 的点数大于序列点数时，它表示了一种频率度量尺度的含义，它与 DFT 所选的点数有关。当序列长度确定时，它所具有的频率分辨能力也就确定了，按频率分辨率的第一种含义对该序列作同等点数的 DFT 时，$\frac{2\pi}{N}$ 表示了频率分辨率的意义，对序列补零后作大于序列点数的 DFT 时，可以减小它所表示的频率度量尺度，但不能真正提高频率分辨率。

实际中，采用 DFT 进行数字频谱分析时，需要考虑的主要参数有：采样频率 f_s，一般根据采样定理来选择：$f_s > 2f_c$，DFT 点数 N，一般由频率分辨率 Δf 来确定：$N > f_s/\Delta f$，考虑到 DFT 由 FFT 算法实现，一般 N 取成 2 的整数幂（$N = 2^M$），上面两个参数确定后，进而得到信号的记录长度 $T = NT_s = N/f_s$。

当信号的记录长度确定后,如果依靠提高采样频率来得到较多的采样点数,进而获得 DFT 结果较高的频率分辨率,实际上是无法实现的,从上式中容易理解这一点。

本 章 要 点

本章首先讨论了周期序列傅里叶级数的表示方法,并且从有限长序列的周期序列之间的延拓关系导出了有限长序列的离散傅里叶变换(DFT)。接着重点讨论了 DFT 的性质、有限长序列的线性卷积和圆周卷积、频域采样理论以及 DFT 应用时需要注意的几个问题等。

习　题

3.1　设 $x(n) = R_1(n)$,

$$\tilde{x}(n) = \sum_{r=-\infty}^{\infty} x(n+7r)$$

求 $\tilde{X}(k)$,并作图表示 $\tilde{x}(n)$、$\tilde{X}(k)$。

3.2　求下列序列的傅里叶变换,并分别给出其幅频特性和相频特性。

(1) $x_1(n) = \delta(n-n_0)$;

(2) $x_2(n) = 3 - \left(\dfrac{1}{3}\right)^n$, $|n| \leqslant 3$;

(3) $x_3(n) = a^n[u(n) - u(n-N)]$;

(4) $x_4(n) = a^n u(n+2)$, $|a| < 1$。

3.3　已知以下 $X(k)$,求 $\text{IDFT}[X(k)]$。

(1) $X(k) = \begin{cases} \dfrac{N}{2}\mathrm{e}^{\mathrm{j}\theta}, & k=m, \quad 0<m<\dfrac{N}{2} \\[2mm] \dfrac{N}{2}\mathrm{e}^{-\mathrm{j}\theta}, & k=N-m \\[2mm] 0, & 其他\ k \end{cases}$

(2) $X(k) = \begin{cases} -\dfrac{N}{2}\mathrm{e}^{\mathrm{j}\theta}, & k=m, \quad 0<m<\dfrac{N}{2} \\[2mm] \dfrac{N}{2}\mathrm{e}^{-\mathrm{j}\theta}, & k=N-m \\[2mm] 0, & 其他\ k \end{cases}$

3.4　证明 DFT 的对称原理,即假设:$X(k) = \text{DFT}[x(n)]$ 证明:$\text{DFT}[x(n)] = Nx(N-k)$。

3.5　证明:若 $x(n)$ 实偶对称,即 $x(n) = x(N-n)$,则 $X(k)$ 也实偶对称;若 $x(n)$ 实奇对称,即 $x(n) = -x(N-n)$,则 $X(k)$ 为纯虚函数并奇对称。

3.6　证明离散帕塞瓦尔定理。若 $X(k) = \text{DFT}[x(n)]$,则:

$$\sum_{n=0}^{N-1} |x(n)|^2 = \frac{1}{N}\sum_{k=0}^{N-1}|X(k)|^2$$

3.7　已知 $f(n) = x(n) + \mathrm{j}y(n)$,$x(n)$ 与 $y(n)$ 均为 N 点实序列。设

$$F(k) = \text{DFT}[f(n)], 0 \leqslant k \leqslant N-1$$

（1） $F(k) = \dfrac{1-a^N}{aW_N^k} + j\dfrac{1-b^N}{bW_N^k}W_N^{-k}$；

（2） $F(k) = 1 + jN$。

试求 $X(k) = \mathrm{DFT}[x(n)]$，$Y(k) = \mathrm{DFT}[y(n)]$ 以及 $x(n)$ 和 $y(n)$。

3.8　已知两有限长序列

$$x(n) = \cos\left(\frac{2\pi}{N}n\right)R_N(n)$$

$$y(n) = \sin\left(\frac{2\pi}{N}n\right)R_N(n)$$

用线性卷积和 DFT 变换两种方法分别求解 $f(n) = x(n) * y(n)$。

3.9　已知 $x(n) = R_N(n)$，

（1）求 $\mathrm{DFT}[x(n)]$ 并画出其零极点分布图；

（2）求频谱 $X(\mathrm{e}^{\mathrm{j}\omega})$ 并画出其幅度和相位曲线图；

（3）求 $\mathrm{DFT}[x(n)] = X(k)$，并画出其幅度和相位图，且与 $X(\mathrm{e}^{\mathrm{j}\omega})$ 对照。

3.10　已知 $x(n)$ 是长度为 N 的有限长序列。$X(k) = \mathrm{DFT}[x(n)]$，现将 $x(n)$ 的每两点之间补进 $r-1$ 个零值，得到一个长度为 rN 的有限长序列 $y(n)$

$$y(n) = \begin{cases} x(n/r), & n = ir, i = 0,1,2,3,\cdots,N-1 \\ 0, & \text{其他 } n \end{cases}$$

求 $\mathrm{DFT}[y(n)]$ 与 $X(k)$ 的关系。

3.11　设 $x(n)$ 是一个 8 点的有限长序列，$y(n)$ 是一个 20 点的有限长序列。现将每一序列作 20 点 DFT，然后再乘，再计算 IDFT，令 $r(n)$ 表示它的离散傅里叶反变换，即：$r(n) = \mathrm{IDFT}[X(k)Y(k)]$。指出 $r(n)$ 中的哪些点相当于 $x(n)$ 与 $y(n)$ 的线性卷积中的点。

3.12　设信号 $x(n) = \{1,2,3,4\}$，通过系统 $h(n) = \{4,3,2,1\}$，$n = 0,1,2,3$，

（1）求系统的输出 $y(n) = x(n) * h(n)$；

（2）试用循环卷积计算 $y(n)$；

（3）简述通过 DFT 来计算 $y(n)$ 的思路。

3.13　两个有限长序列 $x(n)$ 和 $y(n)$ 的零值区间分别为

$$x(n) = 0, \quad n < 0, n \geqslant 8$$
$$y(n) = 0, \quad n < 0, n \geqslant 20$$

对每个序列作 20 点的 DFT，即

$$X(k) = \mathrm{DFT}[x(n)], \quad k = 0,1,\cdots,19$$
$$Y(k) = \mathrm{DFT}[y(n)], \quad k = 0,1,\cdots,19$$

如果

$$F(k) = X(k)Y(k), \quad k = 0,1,\cdots,19$$
$$f(n) = \mathrm{IDFT}[F(k)], \quad k = 0,1,\cdots,19$$

试问在哪些点上 $f(n)$ 与 $x(n) * y(n)$ 结果相等，为什么？

3.14　已知调幅信号的载波频率 $f_c = 1\,\mathrm{kHz}$，调制信号频率 $f_m = 100\,\mathrm{Hz}$，用 FFT 对其进行谱分析，试问：

（1）最小记录时间 T_{pmin} 为多少？

（2）最低采样频率 f_{smin} 为多少？

（3）最少采样点数 N_{min} 为多少？

（4）在频带宽度不变的情况下，将频率分辨率提高一倍的 N 值为多少？

第四章　快速傅里叶变换(FFT)

快速傅里叶变换(fast Fourier transform, FFT)并不是一种新型傅里叶变换,它仅仅是计算 DFT 的一种高效的快速算法。我们已经知道,DFT 本身非常适合对离散信号的数字处理,因此,DFT 可被用于信号处理中的频谱分析场合及与之相关的其他算法中。尽管DFT 非常有用,但在很长一段时间里,由于 DFT 的运算过于耗费时间,所以并没有得到普遍应用,直到 1965 年,库利(T. W. Cooley)和图基(J. W. Turkey)首次发现了 DFT 运算的一种快速算法,情况才有了根本性的变化,人们开始认识到 DFT 运算的一些内在规律,从而很快发展和完善了一套高效的运算方法,这就是今天普遍称之为"快速傅里叶变换"的FFT 算法。FFT 使 DFT 的运算量大为简化,运算时间减少了 1~2 个数量级,从而使 DFT技术获得了广泛的应用。

4.1　DFT 的运算特点

一个 N 点长度序列 $x(n)$ 的 DFT 为

$$\begin{cases} X(k) = \displaystyle\sum_{n=0}^{N-1} x(n) W_N^{nk}, & k = 0,1,2,\cdots,N-1 \\ x(n) = \dfrac{1}{N} \displaystyle\sum_{n=0}^{N-1} X(k) W_N^{-nk}, & n = 0,1,2,\cdots,N-1 \end{cases} \tag{4-1}$$

$X(k)$ 和 $x(n)$ 两者的差别仅在于 W 因子的指数符号及比例因子 $1/N$,因此,以下我们一般以正变换为对象进行讨论,结论原则上适用于逆变换。先讨论 $X(k)$ 所需的运算量。

一个 $X(k)$ 点的计算需要 N 次复乘和 $N-1$ 次复加运算,N 点 $X(k)$ 共需 N^2 次复乘,$N(N-1)$ 次复加。根据复乘与实乘的关系可得,N 点 $X(k)$ 需要 $4N^2$ 实乘和 $2N^2+2N(N-1)$实加。一般来说,乘法运算量大于加法运算。为简单起见,我们一般以乘法次数作为运算量的数量级大小。可见,运算量与 N^2 成正比,或者说,N 点 DFT 的运算量在 N^2 数量级上。当然,上述运算量的统计是一种粗略的统计,实际计算稍小于它(一些特殊计算无需作乘法)。当 N 增加时,运算量急剧增加,如 $N=1\,024$,运算量约为一百多万次复乘,给实时实现带来了困难与障碍。

FFT 算法减少运算量的基本思路是利用 W 因子的周期性、对称性和正交性等性质,同时结合将多点的 $x(n)$ 划分成少点序列的组合,根据它们的 DFT 的关系,通过计算少点序列的 DFT,然后反算回原来的多点 DFT,由于所计算的 DFT 点数少,运算量得以减少。FFT 算法有很多类型,基 2-FFT 和基 4-FFT 算法是比较简单和应用较为普遍的算法,从学习 FFT 算法的角度看,选择这两类算法也是比较合适的。

4.2 基 2-FFT 算法

基 2-FFT 算法一般包括:按时间抽取和按频率抽取算法,基 2-FFT 算法一般要求 $N = 2^M$,M 为正整数,即 N 如 8、16、32、64、128、256、$\cdots$、1 024 等点数。

4.2.1 按时间抽取基 2-FFT 算法

该算法是最早的 FFT 算法之一,也称 Cooley-Tukey 算法。该算法的基本思路是将 N 点序列按时间下标的奇偶分为两个 $N/2$ 点序列,计算这两个 $N/2$ 点序列的 DFT,运算量可减小约一半;每一个 $N/2$ 点序列按照同样的划分原则,可以划分为两个 $N/4$ 点序列,最后,将原序列划分为多个 2 点序列,就会使运算量大大降低,下面进行详细讨论。

第一步:按时间下标的奇偶将 N 点 $x(n)$ 分别抽取组成两个 $N/2$ 点序列,分别记为 $x_1(n)$ 和 $x_2(n)$,可以将 $x(n)$ 的 DFT 计算转化为 $x_1(n)$ 和 $x_2(n)$ 的 DFT 计算。

$$
\begin{aligned}
X(k) &= \sum_{n=0}^{N-1} x(n) W_N^{nk} \\
&= \sum_{n=0,2,4\cdots}^{N-2} x(n) W_N^{nk} + \sum_{n=1,3,5\cdots}^{N-1} x(n) W_N^{nk} \\
&= \sum_{r=0,1}^{\frac{N}{2}-1} x(2r) W_N^{2rk} + \sum_{r=0,1}^{\frac{N}{2}-1} x(2r+1) W_N^{(2r+1)k} \\
&= \sum_{r=0,1}^{\frac{N}{2}-1} x_1(r) W_N^{2rk} + \sum_{r=0,1}^{\frac{N}{2}-1} x_2(r) W_N^{(2r+1)k}
\end{aligned}
\tag{4-2}
$$

因为

$$
W_N^{2rk} = e^{-j\frac{2\pi}{N}2rk} = e^{-j\frac{2\pi}{\frac{N}{2}}rk} = W_{N/2}^{rk}
$$

所以

$$
\begin{aligned}
X(k) &= \sum_{r=0}^{\frac{N}{2}-1} x_1(r) W_{N/2}^{rk} + W_N^k \sum_{r=0}^{\frac{N}{2}-1} x_2(r) W_{N/2}^{rk} \\
&= X_1(k) + W_N^k X_2(k), 0 \leq k \leq N-1
\end{aligned}
$$

式中,$X_1(k)$、$X_2(k)$ 分别是 $x_1(n)$、$x_2(n)$ 的 $N/2$ 点 DFT,上式即为 $X(k)$ 和 $X_1(k)$、$X_2(k)$ 的关系式。上述关系式还可以利用 W 因子的对称性和 $X_1(k)$、$X_2(k)$ 的周期性来进一步简化,将 $X(k)$ 划分为前 $N/2$ 点和后 $N/2$ 点,可得

$$
\begin{cases}
X(k) = X_1(k) + W_N^k X_2(k), 0 \leq k \leq \dfrac{N}{2}-1 \\
X(k+N/2) = X_1(k+N/2) + W_N^{k+N/2} X_2(k+N/2) \\
\qquad\qquad = X_1(k) - W_N^k X_2(k), 0 \leq k \leq \dfrac{N}{2}-1
\end{cases}
\tag{4-3}
$$

式中,利用了 W 因子的对称性。

式(4-3)说明，$X(k)$ 的前后两半各 $N/2$ 点均可由 $X_1(k)$ 和 $X_2(k)$ 构造出来，称之为蝶形组合，其中，前 $N/2$ 点与后 $N/2$ 点的关系满足

$$W_N^{k+N/2} = W_N^k W_N^{N/2} = -W_N^k$$

第一步分解后的蝶形运算公式归纳为

$$\begin{cases} X(k) = X_1(k) + W_N^k X_2(k), & 0 \leq k \leq \dfrac{N}{2} - 1 \\ X(k+N/2) = X_1(k) - W_N^k X_2(k), & 0 \leq k \leq \dfrac{N}{2} - 1 \end{cases} \qquad (4\text{-}4)$$

蝶形运算可以用流程符号表示，称为蝶形图，如图 4-1 所示。

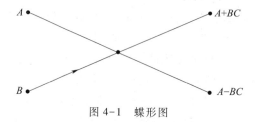

图 4-1　蝶形图

通过第一步分解后，原来的 N 点 $X(k)$ 计算只需计算 2 个 $N/2$ 点序列的 $N/2$ 点 DFT，运算量为 $2 \cdot (N/2)^2 = N^2/2 + N/2 \approx N^2/2$，节省了约一半。相同的分解思路可以继续用于对两个 $N/2$ 点 $X_1(k)$、$X_2(k)$ 的计算，即将 $X_1(k)$ 和 $X_2(k)$ 的计算分别分解成两个 $N/4$ 点序列的 DFT 计算。

第二步：将 $x_1(n)$ 和 $x_2(n)$ 分别按时间下标奇偶抽取，分解成 $N/4$ 点序列，分别记为 $x_3(n)$、$x_4(n)$ 和 $x_5(n)$、$x_6(n)$，将 $X_1(k)$、$X_2(k)$ 的计算转化为 $N/4$ 点的 DFT 计算，推导如下：

$$\begin{aligned} X_1(k) &= \sum_{n=0}^{N/2-1} x_1(n) W_{N/2}^{nk} \\ &= \sum_{r=0}^{\frac{N}{4}-1} x_1(2r) W_{N/2}^{2rk} + \sum_{r=0}^{\frac{N}{4}-1} x_1(2r+1) W_{N/2}^{(2r+1)k} \\ &= \sum_{r=0}^{\frac{N}{4}-1} x_3(r) W_{N/4}^{rk} + W_{N/2}^k \sum_{r=0}^{\frac{N}{4}-1} x_4(r) W_{N/4}^{rk} \\ &= X_3(k) + W_{N/2}^k X_4(k), \quad 0 \leq k \leq \frac{N}{2} - 1 \end{aligned}$$

化简后可得

$$X_1(k) = X_3(k) + W_{N/2}^k X_4(k), \, 0 \leq k \leq \frac{N}{4} - 1 \qquad (4\text{-}5)$$

$$X_1(k+N/4) = X_3(k) - W_{N/2}^k X_4(k), \, 0 \leq k \leq \frac{N}{4} - 1 \qquad (4\text{-}6)$$

同理，也可得到 $X_2(k)$ 的蝶形公式

$$X_2(k) = X_5(k) + W_{N/2}^k X_6(k), \, 0 \leq k \leq \frac{N}{4} - 1$$

$$X_2(k+N/4) = X_5(k) - W_{N/2}^k X_6(k), 0 \leqslant k \leqslant \frac{N}{4} - 1$$

经过第二步分解后,共形成了四个 $N/4$ 点序列:$x_3(n)$、$x_4(n)$ 和 $x_5(n)$、$x_6(n)$。分别计算出 $X_3(k)$、$X_4(k)$、$X_5(k)$ 和 $X_6(k)$ 四个 $N/4$ 点 DFT。

然后,按蝶形公式式(4-6)求出 $X_1(k)$ 和 $X_2(k)$,再按蝶形公式式(4-4)求出 $X(k)$。

两级分解后所需的运算量(复乘次数)为

$$4 \times \left(\frac{N}{4}\right)^2 + 2 \times \frac{N}{4} + \frac{N}{2} = \frac{N^2}{4} + N \approx N^2/4$$

即两次分解后,运算量已下降为原来的四分之一,这种分解思路可以继续进行,即分解出 8 个 $N/8$ 点序列,每个 $N/8$ 点序列分成 2 个 $N/16$ 点序列……经过这种多级分解,最后分成 $N/2$ 个 2 点序列。这样原来的一个 N 点 DFT 计算就转化为 $N/2$ 个 2 点序列的 DFT 计算,两点序列的 DFT 已无乘法,只需加减运算各一次,如下式所示,运算量大大降低。

$$X(0) = x(0) + x(1)$$
$$X(1) = x(0) + W_N^1 x(1) = x(0) - x(1)$$

上述分解过程将一个 N 点 DFT 的计算最终转化成 $N/2$ 个 2 点 DFT 计算,或者说,只需先完成 $N/2$ 个 2 点序列的 DFT 计算,余下的工作只是完成少点 DFT 到多点 DFT 的蝶形组合,而没有 DFT 的计算了。这就是按时间抽取基 2-FFT 算法的原理,由于每次抽取是按时间下标的奇偶进行的,所以称为按时间抽取,图 4-2 是 $N=8$ 的算法流图。

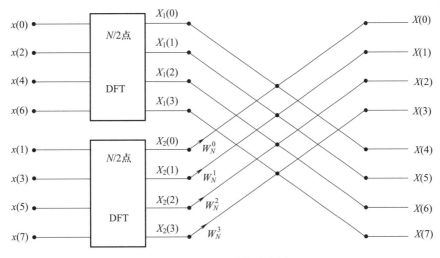

图 4-2 $N=8$ 的算法流图

一个 N 点序列分成 $N/2$ 个两点序列需要分解多少级呢?简单计算如下

$$\underbrace{N/2/2\cdots/2}_{i} = \frac{N}{2^i} = \frac{2^M}{2^i} = 2^{M-i} \qquad (4-7)$$

令式(4-7)等于 2,则有 $i=M-1$,经过 $M-1$ 级分解后,可得到 $N/2$ 个 2 点序列,如果加上最后一级的两点 DFT 计算,可以认为总共有 M 级。每级均有 $N/2$ 个蝶形(2 点 DFT 可以看成无乘法的蝶形),每个蝶形需要 1 次复乘、2 次复加运算,运算量统计如下

复乘运算量为

$$\frac{N}{2} \cdot M = \frac{N}{2}\log_2 N$$

复加运算量为

$$N \cdot M = N\log_2 N$$

从上式可以看出，N 点 DFT 的复乘次数从 N^2 降到 $(N/2)\log_2 N$，复加次数从 $N(N-1)$ 降到 $N\log_2 N$，特别是当 N 很大时，运算量节省相当可观。表 4-1 是不同点数时 DFT 的运算量和比较。

表 4-1　不同点数时 DFT 的运算量和比较

N	N^2	$\frac{N}{2}\log_2 N$	$N^2 / \frac{N}{2}\log_2 N$
2	4	1	4
4	16	4	4
8	64	12	5.4
16	256	32	8
32	1 024	80	12.8
64	4 096	192	21.3
128	16 384	448	36.6
256	65 536	1 024	64
512	262 144	2 034	113.8
1 024	1 048 576	5 120	204.8
2 048	4 194 304	11 264	372.4

下面介绍这种算法的同址运算和码位倒序规律。

同址（in place）的含义是：算法中的任何一个蝶形的 2 个输入量经该蝶形计算后，便没有用处了，蝶形的两个计算结果可存放到与原输入量相同的地址单元中，称这种蝶形运算为同址运算。这种规律使得变量寻址变得简单，提高了效率。

码位倒序的含义是：序列在进入这种 FFT 算法时，序列要重新排序，使之符合 FFT 算法要求，新序是原序的二进制码位倒置顺序，简称码位倒序。表 4-2 是 $N=8$ 时序列下标的关系说明。

表 4-2　$N=8$ 时序列下标的关系说明

自然序列		码位序列	
十进制	二进制	二进制	十进制
0	000	000	0
1	001	001	4
2	010	010	2

自然序列		码位序列	
十进制	二进制	二进制	十进制
3	**011**	**011**	6
4	**100**	**100**	1
5	**101**	**101**	5
6	**110**	**110**	3
7	**111**	**111**	7

产生码位倒序的原因是按时间抽取基 2-FFT 算法的多次奇偶抽取将原序列的自然顺序改变。因此,在应用 FFT 算法时,首先要完成对原序列顺序的调整,也称作整序。在许多 DSP 芯片中,为了提高 FFT 的效率,有支持整序的专用指令。

4.2.2　按频率抽取基 2-FFT 算法

这种算法将序列分成两部分的方式与前一种不同,它是按下标的大小将序列分成前后两部分,即

$$
\begin{aligned}
X(k) &= \sum_{n=0}^{N-1} x(n) W_N^{nk} \\
&= \sum_{n=0}^{N/2-1} x(n) W_N^{nk} + \sum_{n=N/2}^{N-1} x(n) W_N^{nk} \\
&= \sum_{n=0}^{N/2-1} x(n) W_N^{nk} + \sum_{n=0}^{N/2-1} x(n+N/2) W_N^{(n+N/2)k} \\
&= \sum_{n=0}^{N/2-1} x(n) W_N^{nk} + W_N^{kN/2} \sum_{n=0}^{N/2-1} x(n+N/2) W_N^{nk}
\end{aligned}
$$

由于

$$
W_N^{kN/2} = (-1)^k
$$

所以

$$
X(k) = \sum_{n=0}^{N/2-1} \left[x(n) + (-1)^k x(n+N/2) \right] W_N^{nk} \tag{4-8}
$$

将 $X(k)$ 按下标 k 的奇偶分为 $X(2r)$ 和 $X(2r+1)$ 两部分:

$$
\begin{aligned}
X(2r) &= \sum_{n=0}^{N/2-1} \left[x(n) + x(n+N/2) \right] W_N^{n2r} \\
&= \sum_{n=0}^{N/2-1} \left[x(n) + x(n+N/2) \right] W_{N/2}^{nr} \\
&= \sum_{n=0}^{N/2-1} x_1(n) W_{N/2}^{nr} \\
&= X_1(r), 0 \leq r \leq N/2-1
\end{aligned}
$$

其中,$x_1(n) = x(n) + x(n+N/2), 0 \leq n \leq N/2-1$。

同理,可得

$$X(2r+1) = \sum_{n=0}^{N/2-1} \left[x(n) - x(n+N/2) \right] W_N^{n(2r+1)}$$

$$= \sum_{n=0}^{N/2-1} \left[x(n) - x(n+N/2) \right] W_N^n W_N^{2nr}$$

$$= \sum_{n=0}^{N/2-1} \left[x(n) - x(n+N/2) \right] W_N^n W_{N/2}^{nr}$$

$$= \sum_{n=0}^{N/2-1} x_2(n) W_{N/2}^{nr}$$

$$= X_2(r), \quad 0 \leqslant r \leqslant N/2-1$$

式中，$x_2(n) = \left[x(n) - x(n+N/2) \right] W_N^n, 0 \leqslant n \leqslant N/2-1$。

经过这一步分解，将 N 点 $X(k)$ 的计算转化为两个 $N/2$ 点序列 $x_1(n)$、$x_2(n)$ 的 DFT 计算，其中 $X_1(k)$ 对应着 $X(k)$ 的偶数下标部分，$X_2(k)$ 对应着 $X(k)$ 的奇数下标部分，运算量大致节省一半。

上面的算式可以看成是另一种蝶形运算，重写如下

$$\begin{cases} x_1(n) = x(n) + x(n+N/2) \\ x_2(n) = \left[x(n) - x(n+N/2) \right] W_N^n \end{cases} \tag{4-9}$$

$$0 \leqslant n \leqslant N/2-1$$

DFT-FFT 一次分解运算流图（$N=8$）如图 4-3 所示，注意这里的蝶形运算与时间抽取算法的蝶形运算的区别。

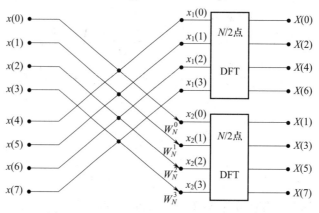

图 4-3 DIF-FFT 一次分解运算流图（$N=8$）

同理，对 $X_1(k)$、$X_2(k)$ 可以采用相同的分解思路，分别分解成两组各两个 $N/4$ 点序列 $x_3(n)$、$x_4(n)$ 和 $x_5(n)$、$x_6(n)$ 的 DFT 计算，容易得到相应的公式如下：

$$X_1(k) = \begin{cases} X_1(2r) = X_3(r) = \text{DFT}\left[x_3(n) \right] \\ X_1(2r+1) = X_4(r) = \text{DFT}\left[x_4(n) \right] \end{cases}$$

$$x_3(n) = x_1(n) + x_1(n+N/4)$$

$$x_4(n) = \left[x_1(n) + x_1(n+N/4) \right] W_{N/2}^n$$

$$n = 0, 1, 2, \cdots, N/2-1$$

$$X_2(k) = \begin{cases} X_2(2r) = X_5(r) = \text{DFT}\left[x_5(n) \right] \\ X_2(2r+1) = X_6(r) = \text{DFT}\left[x_6(n) \right] \end{cases}$$

$$x_5(n) = x_2(n) + x_2(n+N/4)$$

$$x_6(n) = [x_2(n) + x_2(n+N/4)]W_{N/2}^n$$

$$n = 0,1,2,\cdots,N/2-1$$

DFT-FFT 二次分解运算流图($N=8$)如图 4-4 所示。

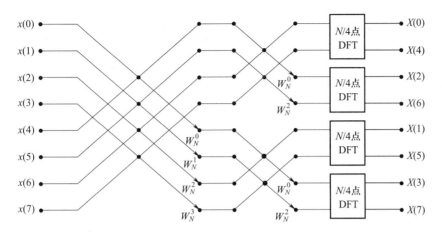

图 4-4 DFT-FFT 二次分解运算流图($N=8$)

此思路可以一直进行下去,直到分解成 $N/2$ 个 2 点序列,就达到了与时间抽取算法相同的目的,最后对所有的 2 点序列进行 2 点 DFT 变换,得到的结果将与 $X(k)$ 有确切的对应关系。

按此运算方法,可以画出一个 $N=8$ 点的 DFT-FFT 运算流图,如图 4-5 所示,由于这种算法是按照频域下标的奇偶来划分 $X(k)$ 的,所以称这种算法为频率抽取算法。

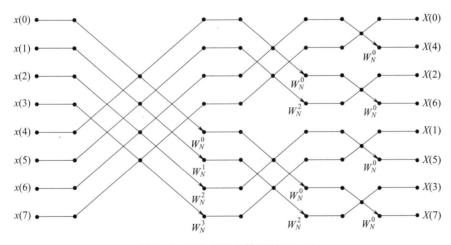

图 4-5 DFT-FFT 运算流图($N=8$)

频率抽取算法具有与时间抽取算法相同的分级数、每级蝶形数、运算量和同址运算特点,不同的是这里给出的算法的输入为自然顺序,输出为倒序排列。但这一点不是区分两类算法的标准,它们的根本区别是算法的蝶形结构不同,具体地说,蝶形中的 W 因子相乘的位置不同,这正是两类算法不同的原理所造成的。

再有一点要说明的是,这里给出的两种 FFT 算法流图形式不是唯一的,它们只是其中的两种具体算法。可以改变输入与输出以及中间结点的排列顺序，只要不破坏原来各支路的连接关系，就可以得到同类算法中的另一种 FFT 算法。图 4-6 与图 4-7 给出了两种 DFT-FFT 算法流图，其中一种属于时间抽取算法，另一种属于频率抽取算法。图 4-6 的算法输入是自然顺序，输出是倒序；图 4-7 输入和输出均是自然顺序，但第二、三级的蝶形不具有同址运算的特点。

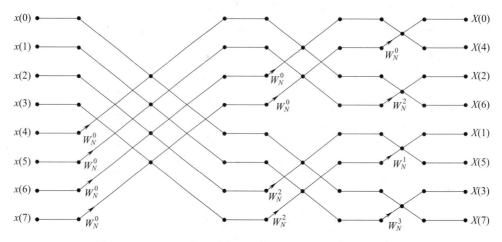

图 4-6　DFT-FFT 的一种变形运算流图（输入顺序，输出倒序）

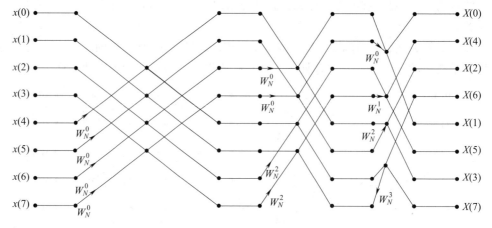

图 4-7　DFT-FFT 的一种变形运算流图（输入、输出均为顺序）

4.3　IDFT 的快速算法

比较 DFT 和 IDFT 的运算公式，可以发现有关于 DFT 的 FFT 算法只要稍加修改，就可以用于 IDFT，因此，实际上 IDFT 的快速算法都是建立在 FFT 算法基础上。本节给出三种 IDFT 快速算法的原理。

IDFT 的计算公式重写如下

$$x(n) = \frac{1}{N} \sum_{k=0}^{N-1} X(k) W_N^{-nk} \quad n = 0,1,2,\cdots,N-1 \quad (4-10)$$

从式(4-10)可以看到,除了 $1/N$ 常数和 W_N^{-nk} 外,IDFT 和 DFT 是完全一样的,因此,只要将 FFT 算法中的旋转因子(W 因子)改为共轭,所有支路乘以 $1/N$,就得到了一种 IDFT 的快速算法,如图 4-8 所示。

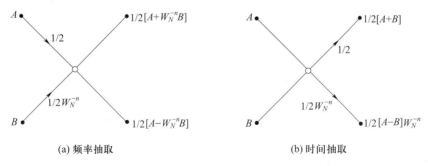

(a) 频率抽取　　　　　　　　　　　(b) 时间抽取

图 4-8　IDFT 的基本蝶形运算

由于 $1/N = (1/2)^M$,可以将 $1/N$ 分配到 M 级中的每一个蝶形的输出支路上,这种算法在一定程度上可以防止算法运算过程中发生溢出。

如果希望直接调用 FFT 模块来计算 IDFT,可以采用如下第二种方法:

$$
\begin{aligned}
x(n) &= \frac{1}{N} \sum_{k=0}^{N-1} X(k) W_N^{-nk} \\
&= \frac{1}{N} \sum_{k=0}^{N-1} X(k) (W_N^{nk})^* \\
&= \frac{1}{N} \left[\sum_{k=0}^{N-1} X^*(k) W_N^{nk} \right]^* \\
&= \frac{1}{N} \{ \mathrm{DFT}[X^*(k)] \}^*
\end{aligned}
\tag{4-11}
$$

这种算法是先将输入的 $X(k)$ 取共轭,然后直接调用 FFT 算法,对结果再取共轭,最后乘以 $1/N$,结果就是 $x(n)$。这种方法虽然用了两次取共轭运算,但可以和 FFT 共用相同的模块,因而很方便。

4.4　基 4-FFT 算法

除了基 2-FFT 算法外,基 4-FFT 算法也是应用非常广泛的 FFT 算法。类似于基 2 算法,基 4 算法要求的点数 $N = 4^M$,序列 DFT 的计算最终分解成 $N/4$ 个 4 点序列的 DFT 计算,4 点序列的 DFT 实际上也没有乘法。本文仅推导时间抽取算法。

根据时间抽取算法的原理,可以画出一个 $N=8$ 的基 4-FFT 算法流程图,如图 4-9 所示。

1-11　时间抽取算法推导

基 4-FFT 算法与基 2-FFT 算法相比,虽然流图形式较为复杂,每级的运算量稍多一些,但对于相同长度的序列,基 4-FFT 算法分解的级数要少,这样总的运算量反而更少。

读者可以自己推导出按频率抽取基 4-FFT 算法的线性运算公式和相应的流图。基 4-FFT算法可以与基 2-FFT 算法混合使用,称之为"分裂基或混合基 FFT 算法"。

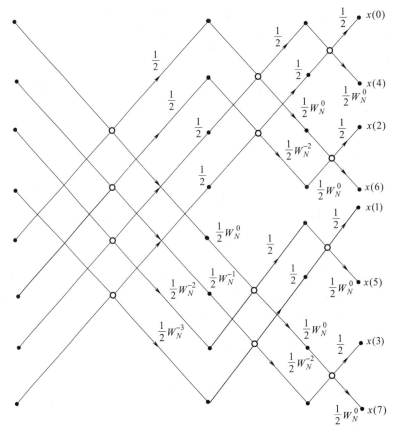

图 4-9　$N=8$ 的基 4-FFT 算法流程图

4.5　实序列的 FFT 算法

在实际中,数据一般都是实序列,而 FFT 算法一般针对复序列,直接处理实序列时,将序列的虚部看成零,将会浪费很多运算时间和存储空间。因此有必要设计专门用于实序列的 FFT 算法。本节介绍的几种算法都是以复数 FFT 算法为基础,利用了 DFT 的对称性和 FFT 算法特点设计的,有较大的实用价值。

1. 算法一

是用一次 N 点 FFT 完成两个 N 点实序列的 DFT 计算。设 $x_1(n)$ 和 $x_2(n)$ 是两个 N 点实序列,以 $x_1(n)$ 作实部,$x_2(n)$ 作虚部,构成一个复序列 $y(n)$,求出 $y(n)$ 的 DFT——$Y(k)$,然后根据 DFT 的对称性,序列实部的 DFT 等于序列 DFT 的共轭偶对称部分 $Y_{ep}(k)$,序列虚部的 DFT 等于序列 DFT 的共轭奇对称部分 $Y_{op}(k)$,即可求出 $x_1(n)$ 和 $x_2(n)$ 的 DFT,具体步骤如下

（1）构造复序列 $y(n)$,

$$y(n)=x_1(n)+\mathrm{j}x_2(n) \tag{4-12}$$

（2）求 $y(n)$ 的 N 点 FFT,记为 $Y(k)$,

$$Y(k)=\mathrm{FFT}[y(n)] \tag{4-13}$$

（3）根据对称性求出 $X_1(k)$ 和 $X_2(k)$，

$$X_1(k) = Y_{ep}(k) = \frac{Y(k) + Y^*(N-k)}{2}$$

$$X_2(k) = Y_{op}(k) = \frac{Y(k) - Y^*(N-k)}{2j} \tag{4-14}$$

注意，以上计算步骤中仅做了一次 N 点 FFT[步骤（2）]，却得到了两个 N 点实序列的 FFT 结果，效率较高。

2. 算法二

N 点实序列 $x(n)$，可以把序列分成两个 $N/2$ 的实序列，分别记为 $x_1(n)$ 和 $x_2(n)$，然后仿照第一种算法，得到 $X_1(k)$ 和 $X_2(k)$，最后根据所采用分解方法和实序列 DFT 的共轭对称性，求出 $X(k)$，具体步骤如下：

（1）将 N 点实序列分解成两个 $N/2$ 点的实序列，分解方法采用时间抽取方法，

$$x_1(n) = x(2n), x_2(n) = x(2n+1), n = 0,1,2,\cdots,N/2-1 \tag{4-15}$$

（2）构造复序列 $y(n)$，

$$y(n) = x_1(n) + jx_2(n) \tag{4-16}$$

（3）求 $y(n)$ 的 $N/2$ 点 FFT，记为 $Y(k)$，

$$Y(k) = \text{FFT}[y(n)] \tag{4-17}$$

（4）根据对称性求出 $X_1(k)$ 和 $X_2(k)$，

$$\begin{cases} X_1(k) = Y_{ep}(k) = \dfrac{Y(k) + Y^*\left(\dfrac{N}{2}-k\right)}{2} \\[4mm] X_2(k) = Y_{op}(k) = \dfrac{Y(k) - Y^*\left(\dfrac{N}{2}-k\right)}{2j} \end{cases} \tag{4-18}$$

（5）按时间抽取算法的蝶形公式求出 $X(k)$，

$$\begin{cases} X(k) = X_1(k) + W_N^k X_2(k) \\ X(N-k) = X^*(N-k) \end{cases} \tag{4-19}$$

$$0 \leqslant k \leqslant N/2-1$$

注意，以上计算步骤中仅做了一次 $N/2$ 点 FFT（步骤 3），却得到了一个 N 点实序列的 FFT 结果，与第一种算法相比，多了一步蝶形计算，需要 $N/2$ 次复乘。

在第二种方法的步骤（1）中，也可以采用按频率抽取的分解方法，构造 $x_1(n)$ 和 $x_2(n)$，步骤（5）也要作相应的改变，读者可自行推导。

本 章 要 点

本章从傅里叶变换复因子的周期性和对称性推导出了傅里叶变换的快速算法 FFT，并且用信号流图说明了 FFT 的计算过程。本章讨论的算法大都是数据点 N 是 2 的整数幂，主要介绍了按时间抽取基 2-FFT 算法、按频率抽取基 2-FFT 算法、基 4-FFT 算法、实序列的 FFT 算法等内容。

习　　题

4.1　试述影响 FFT 的变换速度有哪些。怎样才能提高 FFT 变换速度？

4.2　基 2-FFT 快速计算的原理是什么？其计算次数是多少？

4.3　简略推导按时间抽取基 2-FFT 算法的蝶形公式，并画出 $N=8$ 时算法的流图，说明该算法的同址运算特点。

4.4　已知调幅信号的载波 $f_c=1$ kHz，调制信号频率 $f_m=100$ Hz，用 FFT 对其进行谱分析，试问：

（1）最小记录时间 T_{pmin} 是多少？

（2）最大采样间隔 T_{max} 是多少？

（3）最少采样点数 N_{min} 是多少？

（4）在频带宽度不变的情况下，将频率分辨率提高一倍的 N 值是多少？

4.5　试画一个 $N=12$ 点的 FFT 流图，请按 $N=2\times3\times3$ 分解，试问可能有几种形式？

4.6　画出 $N=8$ 的分裂基 FFT 算法流图，指出其中基 2 算法部分和基 4 算法部分，说明该算法与基 2-FFT 算法的主要区别。

4.7　推导并画出 $N=16$ 点的频率抽取 FFT 算法。

4.8　N 点序列的 DFT 可写成矩阵形式：$X=W_N E_N x$，X 和 x 是 $N\times1$ 按正序排列的向量，W_N 是由 W 因子形成的 $N\times N$ 矩阵，E_N 是 $N\times N$ 矩阵，用以实现对 x 的码位倒置，所以其元素是 0 和 1，若 $N=8$：

（1）对 DFT 算法，写出 E_N 矩阵；

（2）FFT 算法实际上是实现对矩阵 W_N 的分解。对 $N=8$，则 W_N 可分成三个 $N\times N$ 矩阵的乘积，每一个矩阵对应一级运算。即：$W_N=W_{8T}W_{4T}W_{2T}$。试写出 W_{8T}，W_{4T} 及 W_{2T}。

4.9　试导出使用四类蝶形单元时基 4 算法所需的运算量。

4.10　设一个连续时间带限信号 $x(t)$，它的最高频率 ≤2.5 kHz，现采用 FFT 对其做谱分析，选择临界采样频率为 f_s，解答下列问题：

（1）用方框图说明处理过程；

（2）若要求 FFT 的频率分辨率不超过 5 Hz，需要采集 N 点的数据，进行 N 点 FFT 才能满足要求，确定 N 至少等于多少？

（3）若对（2）中的 N 点数据计算 M 点 FFT，$N\leq M$，问频率分辨率指标是否得到改进？为什么？

第五章 数字滤波器设计

5.1 数字滤波器的基本概念

　　理想滤波器就是一个让输入信号中的某些有用频谱分量无任何变化地通过,同时又能完全抑制不需要成分的具有某种选择性的器件、网络或以计算机硬件支持的计算程序。根据对不同信号的处理可分为模拟滤波器和数字滤波器。模拟滤波器和数字滤波器的概念相同,只是信号的形式和实现滤波的方法不同。数字滤波器是指输入输出都是数字信号的滤波器。滤波器的滤波原理就是根据信号与噪声占据不同的频带,将噪声的频率放在滤波器的阻带中,而由于阻带的响应为零,这样就滤去了噪声。一个理想滤波器的特性将是一个无法实现的非因果系统,我们只能用一个稳定的因果系统函数去逼近根据工程所确定的性能要求。

　　数字滤波器可以分为两大类:一类是经典滤波器,即一般的滤波器,特点是输入信号中有用的频率成分和希望滤去的频率成分各占不同的频率带,通过一个合适的选频滤波器达到滤波的目的,这种滤波器主要是无限冲激响应滤波器和有限冲激响应滤波器;另外一类滤波器是现代滤波器,当信号和干扰的频带相互重叠时,经典滤波器不能完成对干扰的有效去除,可以采用现代滤波器,这些滤波器可以按照随机信号内部的一些统计分布规律,从干扰中提取最佳的信号。这种滤波器主要有维纳滤波器,卡尔曼滤波器,自适应滤波器等。本书限于篇幅只介绍经典滤波器。

　　与模拟滤波器相同,数字滤波器从功能上看可分为低通、高通、带通和带阻几类。它们的理想幅频特性如图 5-1 所示。由于它们的单位采样响应是非因果且无限长的,所以实际上理想滤波器是不可能实现的。另外,与模拟滤波器不同的是数字滤波器的系统函数 $H(e^{j\omega})$ 都是以 2π 为周期的,滤波器的低通频带处于 2π 的整数倍处,高频频带处于 π 的奇数倍附近,这一点在理解滤波器性能时需要特别注意。

　　由于理想滤波器是无法实现的,因此工程上一般采用某种逼近技术,在一个容差条件下去逼近理想情况。一个数字滤波器的系统函数 $H(e^{j\omega})$ 表达式为

$$H(e^{j\omega}) = |H(e^{j\omega})| e^{jQ(\omega)} \tag{5-1}$$

其中 $|H(e^{j\omega})|$ 叫做幅频特性, $Q(\omega)$ 叫做相频特性。幅频特性表示信号通过该滤波器以后频率成分衰减情况,而相频特性反映各频率分量通过滤波器后在时间上的延时情况。

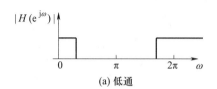

(a) 低通

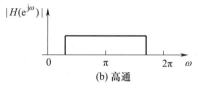

(b) 高通

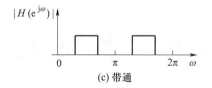

(c) 带通

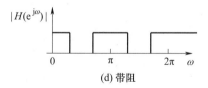

(d) 带阻

图 5-1　低通、高通、带通、带阻数字滤波器理想幅频特性

一般滤波器的技术要求由幅频特性给出,相频特性不做要求,但如果对输出波形有要求,则需要考虑相频特性的技术指标。我们主要研究根据幅频特性技术指标设计数字滤波器的方法。

图 5-2 表示了一个频域设计、一维低通滤波器的技术要求图。粗实线表示满足预定技术指标的系统幅频响应, ω_s 和 ω_p 分别称为通带截止频率和阻带截止频率。通带频率范围为 $0 \leqslant \omega \leqslant \omega_p$,阻带频率范围为

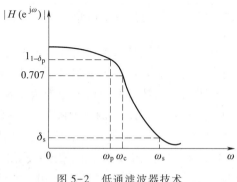

图 5-2　低通滤波器技术

$\omega_s \leqslant \omega \leqslant \pi$ 。在通带内,要求误差在 $\pm\delta_p$ 内,系统幅频响应接近于 1,在阻带内,误差要求不大于 δ_s ,系统幅频响应接近于 0。从 ω_p 到 ω_s 称为过渡带,用 $\Delta\omega$ 表示,在过渡带内,幅频特性单调下降。在通带和阻带内的衰减一般用 dB 表示。通带内允许最大衰减是 α_p ,阻带内允许最小衰减是 α_s ,分别定义为

$$\alpha_p = 20\lg \frac{|H(e^{j0})|}{|H(e^{j\omega_p})|} \tag{5-2}$$

$$\alpha_s = 20\lg \frac{|H(e^{j0})|}{|H(e^{j\omega_s})|} \tag{5-3}$$

将 $H(e^{j0})$ 归一化为 1 以后,上述两式可表示为

$$\alpha_p = -20\lg |H(e^{j\omega_p})| \tag{5-4}$$

$$\alpha_s = -20\lg |H(e^{j\omega_s})| \tag{5-5}$$

当幅度降到 $\frac{\sqrt{2}}{2}$ 时, $\omega = \omega_c$,这时候 $\alpha_p = 3$ dB,我们称 ω_c 为 3 dB 通带截止频率。 ω_c 、 ω_s 和 ω_p 统称为数字滤波器里的边界频率。

5.2　IIR 数字滤波器设计

5.2.1　模拟滤波器的设计

在设计数字滤波器的时候,通常采用的方法是利用现有的模拟滤波器设计方法及其

相应的转换方法得到数字滤波器。最先设计的模拟滤波器称为原型滤波器。比较常用的原型滤波器有巴特沃斯（Butterworth）滤波器、切比雪夫（Chebyshev）滤波器、椭圆（Ellipse）滤波器和贝塞尔（Bessel）滤波器等。它们各有特点，如巴特沃斯滤波器具有单调下降的幅频特性；切比雪夫滤波器的幅频特性在通带和阻带里有波动，可以提高选择性；贝塞尔滤波器在通带内有较好的线性相频特性；椭圆滤波器的选择性最好。可以根据不同要求选择不同的原型滤波器。限于篇幅，本书将只介绍巴特沃斯和切比雪夫滤波器的设计。

1. 巴特沃斯滤波器

巴特沃斯滤波器是根据幅频特性在通带内具有最平坦特性而定义的滤波器。对一个 N 阶低通滤波器来说，所谓最平坦特性，就是指滤波器的平方幅频特征函数的前（$2N-1$）阶导数在模拟频率 $\Omega = 0$ 处都为 0。巴特沃斯滤波器另外一个特点就是刚才介绍过的在通带和阻带内具有单调下降的幅频特性，如图 5-3 所示。

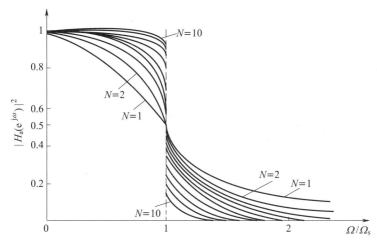

图 5-3　巴特沃斯低通滤波器幅频特性

一维模拟巴特沃斯滤波器的平方幅频特性函数为

$$|H_a(j\Omega)|^2 = \frac{1}{1+(\Omega/\Omega_c)^{2N}} \tag{5-6}$$

可以看出，滤波器的幅频特性随着滤波器阶次 N 的增加而变得越来越好。在截止频率 Ω_c 处的函数值（幅度平方值）始终为 1/2 的情况下，在通带内更多频带区的值接近 1、在阻带内更迅速地趋近 0。下面归纳了巴特沃斯滤波器的主要特征：

（1）对于所有 N，$|H_a(j\Omega)|^2\big|_{\Omega=0} = 1$；

（2）对于所有 N，$|H_a(j\Omega)|^2\big|_{\Omega=\Omega_c} = \dfrac{1}{2}$；

（3）$|H_a(j\Omega)|^2$ 是 Ω 的单调下降函数；

（4）$|H_a(j\Omega)|^2$ 随着阶次 N 的增大而更加接近于理想滤波器。

在设计和分析时，经常以归一化巴特沃斯低通滤波器为原型滤波器。一个模拟系统的系统函数和频率响应之间是以 $s = j\Omega$ 相联系的。因此只要将系统频率响应中的 Ω 用 s/j 替代就可以得到归一化低通滤波器的系统函数 $H_n(s)$。归一化低通滤波器的频率响

应为

$$|H_a(j\Omega)|^2 = \frac{1}{1+\Omega^{2N}} \qquad (5-7)$$

然后将 Ω 用 s/j 替代,可得

$$|H_a(s)|^2 = H_n(s) \cdot H_n(-s) = \frac{1}{1+(s/j)^{2N}} \qquad (5-8)$$

其中,N 为滤波器的阶次。

取分母为 0 得出极点:

$$s^{2N} = (-1)^{N-1} \qquad (5-9)$$

即可认为

$$s^{2N} = \begin{cases} e^{j2k\pi}, & N\text{ 为奇数} \\ e^{j(2k\pi+\pi)}, & N\text{ 为偶数} \end{cases} \qquad (5-10)$$

因此,式(5-9)的根可以根据滤波器阶次 N 为奇数或偶数来判定。即

当 N 为奇数时,极点 $s^{2N} = e^{j\frac{\pi}{N}k}$, $\quad k=0,1,2,\cdots,2N-1$

当 N 为偶数时,极点 $s^{2N} = e^{j\frac{\pi}{N}k+\frac{\pi}{2N}}$, $\quad k=0,1,2,\cdots,2N-1$

巴特沃斯低通滤波器 N 极点图如图 5-4 所示。当 N 为奇数时,$H_n(s) \cdot H_n(-s)$ 在 $s=1$ 处有一极点,然后在单位圆上每隔 π/N 角度就有一个极点;当 N 为偶数时,$H_n(s) \cdot H_n(-s)$ 单位圆 $\pi/2N$ 处有一极点,然后在单位圆上每隔 π/N 角度就有一个极点。

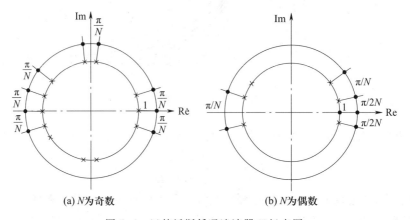

(a) N为奇数　　　　　　　　(b) N为偶数

图 5-4　巴特沃斯低通滤波器 N 极点图

如果希望滤波器 $H_n(s)$ 是一个稳定因果系统,则应该选择左半 s 平面的极点作为 $H_n(s)$ 的极点,而让右半 s 平面的极点包含到式(5-8)中的 $H_n(-s)$ 里去,因此,稳定的系统传递函数为

$$H_n(s) = \frac{1}{\prod\limits_{}^{N}(s-s_k)} = \frac{1}{B_n(s)} \qquad (5-11)$$

$B_n(s)$ 可以展开为一个 N 阶巴特沃斯多项式。各阶巴特沃斯多项式及其相应的因式分解列在表 5-1 和表 5-2 中。

表 5-1   各阶巴特沃斯多项式 $B_n(s)$

N	a_0	a_1	a_2	a_3	a_4	a_5	a_6	a_7	a_8
1	1	1							
2	1	1.414	1						
3	1	2	2	1					
4	1	2.612	3.414	2.613	1				
5	1	3.236	5.236	5.236	3.236	1			
6	1	3.864	7.464	9.141	7.464	3.864	1		
7	1	4.494	10.103	14.606	14.606	10.103	4.494	1	
8	1	5.126	13.138	21.848	25.691	21.848	13.138	5.126	1

注：$B_n(s) = a_0 + a_1 s + a_2 s^2 + \cdots + a_{N-1} s^{N-1} + a_N s^N$。

在进行低通滤波器设计时,通常给出一定的技术指标。如:

(1) 在通带内 Ω_1 处的增益不能低于 k_1;

(2) 在阻带内 Ω_2 处的衰减至少为 k_2。

该技术指标用数学式表示为

$$0 \geq 10\lg|H(j\Omega)| \geq k_1, \quad \text{对于所有 } \Omega \leq \Omega_1 \tag{5-12}$$

$$10\lg|H(j\Omega)| \leq k_2, \quad \text{对于所有 } \Omega \geq \Omega_1 \tag{5-13}$$

表 5-2   各阶巴特沃斯因式分解多项式 $B_n(s)$

N	$B_n(s)$
1	$1+s$
2	$1 + \sqrt{2}s + s^2$
3	$(1+s)(1+s+s^2)$
4	$(1+0.765s+s^2)(1+1.848s+s^2)$
5	$(1+s)(1+0.618s+s^2)(1+1.618s+s^2)$
6	$(1+0.517s+s^2)(1+\sqrt{2}s+s^2)(1+1.932s+s^2)$
7	$(1+s)(1+0.446s+s^2)(1+1.246s+s^2)(1+1.802s+s^2)$
8	$(1+0.397s+s^2)(1+1.111s+s^2)(1+1.663s+s^2)(1+1.962s+s^2)$

注：巴特沃斯滤波器的系统函数 $H_n(s) = \dfrac{1}{B_n(s)}$。

根据上述公式和表,我们可以看出设计巴特沃斯滤波器归结为确定两个参数:滤波器的阶次 N 和截止频率 Ω_c。根据式(5-6)、式(5-12)和式(5-13),求解阶次 N 和截止频率 Ω_c 通过下述方程组获得

$$\begin{aligned} 10\lg\{1/[1+(\Omega_1/\Omega_c)^{2N}]\} &\geq k_1 \\ 10\lg\{1/[1+(\Omega_2/\Omega_c)^{2N}]\} &\leq k_2 \end{aligned} \tag{5-14}$$

化简该方程组后可得

$$(\Omega_1/\Omega_2)^{2N} \leqslant (10^{-0.1k_1}-1)/(10^{-0.1k_2}-1) \tag{5-15}$$

在技术指标中,已知 $\Omega_1,k_1,\Omega_2,k_2$ 的条件下,就可以得滤波器阶数 N 为

$$N \geqslant \frac{\lg[(10^{-0.1k_1}-1)/(10^{-0.1k_2}-1)]}{2\lg(\Omega_1/\Omega_2)} \tag{5-16}$$

如果要求通带在 Ω_1 处刚好达到指标 k_1,则可得

$$\Omega_c = \Omega_1/(10^{-0.1k_1}-1)^{1/2N} \tag{5-17}$$

要求阻带在 Ω_2 处刚好达到指标 k_2,则可得

$$\Omega_c = \Omega_1/(10^{-0.1k_2}-1)^{1/2N} \tag{5-18}$$

如果取式(5-17)和式(5-18)结果的中间值,则可以同时满足原定指标。此后,根据 N 从巴特沃斯滤波器多项式表中找到归一化(即 $\Omega_c=1$)的巴特沃斯低通原型滤波器的系统函数 $H_n(s)$,接着再通过 s/Ω_c 对 $H_n(s)$ 中的 s 进行置换,即可求得所要求的巴特沃斯低通滤波器的系统函数 $H_n(s)$。

【例 5-1】 试设计一阶巴特沃斯低通滤波器,要求在 20 rad/s 处的幅频响应衰减不多于 -2 dB;在 30 rad/s 处幅频响应衰减大于 -10 dB。

解 按照题意,技术指标为

$$\Omega_1=20\text{rad}/s, k_1=-2 \text{ dB}; \Omega_2=30\text{rad}/s, k_2=-10 \text{ dB}$$

将上述参数代入式(5-16)后可得

$$N \geqslant \frac{\lg[(10^{0.2}-1)/(10^1-1)]}{2\lg(20/30)} = 3.371$$

因此选 $N=4$。

将 $N=4$ 代入式(5-17)可得

$$\Omega_c=20/(10^{0.2}-1)^{1/8}=21.387$$

根据 $N=4$,从巴特沃斯滤波器多项式表中找到归一化(即 $\Omega_c=1$)的巴特沃斯低通原型滤波器的系统函数为

$$H_4(s)=\frac{1}{(1+0.765s+s^2)(1+1.848s+s^2)}$$

当 $\Omega_c=21.387$ 时,用 s/Ω_c 对 $H_n(s)$ 中的 s 进行置换并简化后得

$$H_4(s)\bigg|_{s=\frac{s}{21.387}}=\frac{0.209\times10^6}{(457.4+16.37s+s^2)(457.4+39.52s+s^2)}$$

这就是要设计的巴特沃斯低通滤波器。

2. 切比雪夫滤波器

巴特沃斯滤波器在通带边界处满足指标要求的时候,通带内肯定会有余量,因此,更有效的设计方法是将精确度均匀地分布在整个通带或阻带内,这样就可以用阶数较低的系统满足要求。这就可以选用具有等波纹特性逼近函数的切比雪夫滤波器实现。

切比雪夫滤波器有两类,第一类是在通带内有起伏波纹,阻带内单调;第二类是在阻带内有起伏波纹,通带内单调。本书只讨论第一类切比雪夫滤波器。第一类切比雪夫低通滤波器归一化后(即 $\Omega_c=1$)的原型平方幅频响应表示式是

$$|H_a(j\Omega)|^2=\frac{1}{1+\varepsilon^2 T_N^2(\Omega)} \tag{5-19}$$

式中,$T_N(\Omega)$ 为 N 阶切比雪夫多项式,其中 ε 为限定的波纹系数。切比雪夫多项式可由

下述公式产生

$$T_N(x) = 2xT_{N-1}(x) - T_{N-2}(x) \ , \ N>2 \tag{5-20}$$

当 $N<2$ 时,初始值为 $T_0(x)=1$,$T_1(x)=x$。式(5-20)前 8 阶的切比雪夫多项式如表 5-3 所示。

表 5-3 前 8 阶的切比雪夫多项式

N	$T_N(x)$
0	$T_0(x) = 1$
1	$T_1(x) = x$
2	$T_2(x) = 2x^2 - 1$
3	$T_3(x) = 4x^3 - 3x$
4	$T_4(x) = 8x^4 - 8x^2 + 1$
5	$T_5(x) = 16x^5 - 20x^3 + 5x$
6	$T_6(x) = 32x^6 - 48x^4 + 18x^2 - 1$
7	$T_7(x) = 64x^7 - 112x^5 + 56x^3 - 7x$
8	$T_8(x) = 128x^8 - 256x^6 + 160x^4 - 32x^2 + 1$

图 5-5 画出了 5 阶切比雪夫函数图形及其对应的第一类切比雪夫函数 N 分别为奇数和偶数时的平方幅频特性。可以看到,5 阶切比雪夫函数在 $-1 \leqslant x \leqslant 1$ 时函数值在 -1 和 $+1$ 之间振荡。该振荡导致切比雪夫滤波器的 $|H_a(\mathrm{j}\Omega)|^2$ 在通带内做同样的起伏,但振荡周期并不相同。

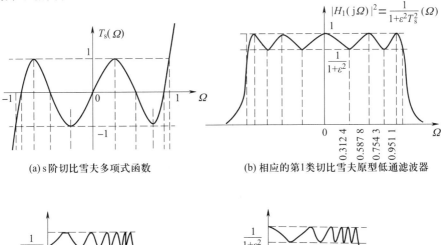

(a) s 阶切比雪夫多项式函数   (b) 相应的第1类切比雪夫原型低通滤波器

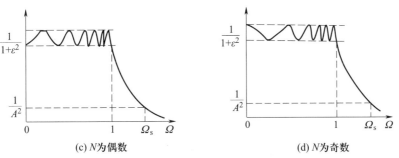

(c) N 为偶数   (d) N 为奇数

图 5-5 5 阶切比雪夫函数图形及其对应的第一类切比雪夫函数 N
分别为奇数和偶数时的平方幅频特性

由 $T_N(x)=2xT_{N-1}(x)-T_{N-2}(x)$ 可以看出，当 N 为偶数时，$T_N^2(0)=1$，当 N 为奇数时，$T_N^2(0)=0$。结果导致 $|H_a(j\Omega)|^2$ 在 N 为偶数时，$\Omega=0$ 处为 $1/(1+\varepsilon^2)$；在 N 为奇数时，$\Omega=0$ 处为 1。

总结第一类切比雪夫滤波器的主要特性如下：

（1）平方幅频特性在通带内，在 1 和 $\dfrac{1}{1+\varepsilon^2}$ 之间做等波纹振荡起伏，在截止频率 $\Omega_c=1$ 处的值为 $\dfrac{1}{1+\varepsilon^2}$。

（2）平方幅频特性在过渡区和阻带内单调下降，当其幅度减小到 $1/A^2$ 处时的频率称为阻带截止频率 Ω_s。

我们根据式（5-19）求极点

$$1+\varepsilon^2 T_N^2(s/j)=0 \tag{5-21}$$

极点 $s_k=\sigma_k+j\eta_k$，即极点在一个椭圆上，椭圆方程为

$$\frac{\sigma_k^2}{a^2}+\frac{\eta_k^2}{b^2}=1 \tag{5-22}$$

其中

$$a=\frac{1}{2}\left\{\left[1+\sqrt{1+\varepsilon^2}\right]/\varepsilon\right\}^{1/N}-\frac{1}{2}\left\{\left[1+\sqrt{1+\varepsilon^2}\right]/\varepsilon\right\}^{-1/N} \tag{5-23}$$

$$b=\frac{1}{2}\left\{\left[1+\sqrt{1+\varepsilon^2}\right]/\varepsilon\right\}^{1/N}+\frac{1}{2}\left\{\left[1+\sqrt{1+\varepsilon^2}\right]/\varepsilon\right\}^{-1/N} \tag{5-24}$$

$$\sigma_k=-a\sin\left[(2k-1)\pi/2N\right],\quad k=1,2,\cdots,2N \tag{5-25}$$

$$\eta_k=b\cos\left[(2k-1)\pi/2N\right],\quad k=1,2,\cdots,2N \tag{5-26}$$

利用左半 s 平面极点可求得切比雪夫滤波器的系统函数为

$$H_N(s)=\frac{k}{\prod\limits^{N}(s-s_k)}=\frac{k}{V_N(s)} \tag{5-27}$$

k 为归一化因子。

当 N 为奇数时

$$k=V_N(0)$$

当 N 为偶数时

$$k=V_N(0)/(1+\varepsilon^2)^{1/2}$$
$$V_N(s)=b_0+b_1 s+b_2 s^2+\cdots+b_{N-1}s^{N-1}+s^N \tag{5-28}$$

切比雪夫低通滤波器的阶次 N 将根据技术指标求得。在技术指标中，将给出：① 通带起伏波纹 ε，② 阻带 Ω_s 处的衰减 $1/A^2$，则

$$N\geqslant\frac{\lg(g+\sqrt{g^2-1})}{\lg(\Omega_s+\sqrt{\Omega_s^2-1})} \tag{5-29}$$

其中

$$g=\sqrt{(A^2-1)/\varepsilon^2},\ A=1/|H_N(j\Omega_s)| \tag{5-30}$$

【例 5-2】 试设计一个切比雪夫低通滤波器，使其满足下述指标：

（1）要求在通带内的波纹起伏不大于 2 dB；

（2）截止频率为 40 rad/s；

（3）阻带等于 52 rad/s 处的衰减大于 20 dB。

解 根据题意步骤如下：

第一步：归一化处理。

（1）归一化截止频率 1 rad/s。因此截止频率为 40 rad/s，所需修正系数为 1/40，从而使

$$\Omega_c = 40 \text{ rad/s} \times \frac{1}{40} = 1 \text{ rad/s}$$

（2）阻带在 52 rad/s 时归一化处理，

$$\Omega_s = 52 \text{ rad/s} \times \frac{1}{40} = 1.3 \text{ rad/s}$$

第二步：求波纹系数 ε，并代入中间参数 A 和 g。

（1）将 $\Omega = \Omega_c = 1$ 代入公式可得

$$20\lg|H_N(j1)| = 20\lg[1/(1+\varepsilon^2)]^{1/2} = -2$$

所以 $\varepsilon = 0.765$。

（2）将 $\Omega = \Omega_s = 1.3$ 代入公式可得

$$20\lg|H_N(j1.3)| = 20\lg[1/(1+A^2)]^{1/2} = -20$$

所以 $A = 10$。

（3）再由式（5-30）可得 g 为

$$g = \sqrt{(100-1)/0.765^2} = 13.01$$

第三步：求滤波器阶次 N。

将上面求得的中间参数代入式（5-29）可得

$$N \geqslant \frac{\lg(13.01 + \sqrt{13.01^2 - 1})}{\lg(1.3 + \sqrt{1.3^2 - 1})} = 4.3$$

所以取 $N = 5$。

第四步：由式（5-24）、式（5-27）、式（5-28）可得归一化滤波器的系数函数

$$H_5(s) = k/(b_0 + b_1 s + b_2 s^2 + b_3 s^3 + b_4 s^4 + s^5)$$
$$= 0.081/(0.081 + 0.459s + 0.693s^2 + 1.499s^3 + 0.706s^4 + s^5)$$

第五步：由切比雪夫滤波器设计参数表可查得极点位置和二次因式展开式为

$$H_5(s) = 0.081/[(s+0.21)(s+0.06-j0.97)(s+0.06+j0.97)(s+0.17-j0.60)(s+0.17+j0.60)]$$

第六步：将上式共轭对写成二次实数形式可得：

$$H_5(s) = 0.081/[(s+0.21)(s^2+0.135s+0.95)(s^2+0.35s+0.39)]$$

第七步：为满足题意截止频率 $\Omega_s = 40$，只要将上式进行 $s \to s/40$ 变量代换，即可得到需要设计的滤波器的系数函数：

$$H_5(s) = 8.37 \times 10^6/[(s+8.37)(s^2+5.39s+1520)(s^2+14.1s+627)]$$

5.2.2 冲激响应不变法

所谓无限冲激响应系统，就是其冲激响应（或采样响应）$h(n)$ 从 $n = 0, 1, \cdots, \infty$ 均有值，系统函数一般可以表示为

$$H(z) = \sum_{n=0}^{\infty} h(n) z^{-n} = \frac{\sum_{r=1}^{M} b_r z^{-r}}{1 + \sum_{k=1}^{N} a_k z^{-k}} \tag{5-31}$$

利用模拟滤波器成熟的理论和设计方法来设计 IIR 数字滤波器是经常使用的方法。设计的过程是:先根据技术指标要求设计出一个相应的模拟低通滤波器,得到模拟低通滤波器的系统函数 $H_a(s)$,然后再按照一定的转换关系将设计好的模拟滤波器的系统函数 $H_a(s)$ 转换成数字滤波器的系统函数 $H(z)$。这种方法的关键是如何找到这种转换关系,将 s 平面上的 $H_a(s)$ 转换成 z 平面上的 $H(z)$。为了保证转换后的 $H(z)$ 稳定且满足技术要求,对转换关系有两个要求:

(1)因果稳定的模拟滤波器转换为数字滤波器后仍然是因果稳定的。我们知道,模拟滤波器因果稳定要求其系统函数 $H_a(s)$ 的极点全部在 s 平面的左半平面,数字滤波器因果稳定要求其系统函数 $H(z)$ 的极点全部在 z 平面的单位圆内。因此具有这一性质的转换,就是要使 s 平面的左半平面上的点($\alpha<0$)映射到 z 平面的单位圆内($|z|<1$),即如图 5-6 所示。

(2)数字滤波器的频率响应模仿模拟滤波器的频率响应,s 平面上的虚轴 $j\Omega$ 映射成 z 平面上的单位圆 $|z|=1$,相应的频率之间是线性关系。

常用的将系统函数 $H_a(s)$ 转换成为系统函数 $H(z)$ 的用于滤波器设计的映射方法有两种:冲激响应不变法和双线性映射法。本节介绍冲激响应不变法,下节介绍双线性映射法。

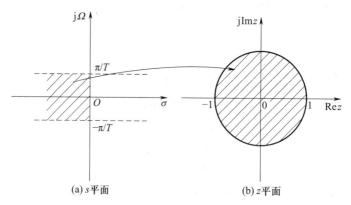

图 5-6　稳定系统 s 平面与 z 平面之间的映射关系

冲激响应不变法就是使数字滤波器的冲激响应(即单位采样响应)序列 $h(n)$ 等于模拟滤波器的冲激响应 $h_a(t)$ 的采样值,

$$h(n) = h_a(t)\big|_{t=nT} = h_a(nT) \tag{5-32}$$

因此描述数字滤波器特性的系统函数 $H(z)$ 变成

$$H(z) = zT[h(n)] = zT\left[h_a(t)\big|_{t=nT}\right] \tag{5-33}$$

如果我们已经知道模拟滤波器系统函数 $H_a(s)$,而 $h_a(t) = \mathscr{L}^{-1}[H_a(s)]$,那么 $H(z)$ 和 $H_a(s)$ 的关系就是

$$H(z) = zT[\mathscr{L}^{-1}[H_a(s)]] \tag{5-34}$$

假设模拟滤波器系统函数 $H_a(s)$ 为

$$H_a(s) = \sum_{k=1}^{N} \frac{A_k}{s - s_k} \tag{5-35}$$

根据拉氏变换表可以查得其对应的冲激响应为

$$h_a(t) = L^{-1}[H_a(s)] = \sum_{k=1}^{N} A^k e^{s_k t} u(t) \tag{5-36}$$

式中 $u(t)$ 是单位阶跃函数,对 $h_a(t)$ 进行等间隔采样,采样间隔为 T,得到:

$$h(n) = h_a(nT) = \sum_{k=1}^{N} A^k e^{s_k nT} u(nT) \tag{5-37}$$

再对 $h(n)$ 做 z 变换,即可得到冲激响应不变法获得的数字滤波器的系统函数为

$$H(z) = \sum_{k=1}^{N} \frac{A_k}{1 - e^{s_k T} z^{-1}} \tag{5-38}$$

比较式(5-35)和式(5-38),可以看到模拟滤波器的系统函数 $H_a(s)$ 在 s_k 处的极点变换为数字滤波器的系统函数 $H(z)$ 在 $z_k = e^{s_k T}$ 处的极点,而系数 A_k 不变。如果模拟滤波器是稳定的,则 s_k 的实部必定小于零,则数字滤波器的系统函数对应的极点也必定在单位圆内,因此数字滤波器也是稳定的。

可以认为,数字滤波器的冲激响应 $h(n)$ 是模拟滤波器 $h_a(t)$ 的采样,那么数字滤波器的频率响应 $H(e^{j\omega})$ 就是模拟滤波器频率响应 $H_a(j\Omega)$ 的周期延拓和,即

$$H(e^{j\omega}) = \frac{1}{T} \sum_{k=-\infty}^{\infty} H_a\left(j\frac{\omega}{T} + j\frac{2\pi}{T}k\right) \tag{5-39}$$

或

$$H(e^{j\Omega T}) = \frac{1}{T} \sum_{k=-\infty}^{\infty} H_a\left(j\Omega + j\frac{2\pi}{T}k\right) \tag{5-40}$$

如果上述关系不仅限于 $j\Omega$ 轴,而可扩展到整个 s 平面,则得

$$H(e^{sT}) = \frac{1}{T} \sum_{k=-\infty}^{\infty} H_a\left(s + j\frac{2\pi}{T}k\right) \tag{5-41}$$

如果令

$$z = e^{sT} \tag{5-42}$$

则式(5-41)就称为数字滤波器的系统函数 $H(z)$,它和模拟滤波器的系统函数 $H_a(s)$ 之间的关系式为

$$H(z) = \frac{1}{T} \sum_{k=-\infty}^{\infty} H_a\left(s + j\frac{2\pi}{T}k\right) \tag{5-43}$$

根据采样定理可知,只有模拟滤波器带限时,即当 $|\Omega| \geqslant \dfrac{\pi}{T}$, $H_a(j\Omega) = 0$ 的条件下才有

$$H(z) = \frac{1}{T} H_a(s) \tag{5-44}$$

这里需要注意的是,如果模拟信号的频带不是限于 $\pm\pi/T$ 之间,则会在 $\pm\pi/T$ 的奇数倍附近产生频率混叠。冲激响应不变法的频率混叠现象如图 5-7 所示。这种频率混叠现象会使设计出的数字滤波器在 $\omega = \pi$ 附近的频率特性程度不同地偏离模拟滤波器在 π/T 附近的频率特性,严重时会使数字滤波器不满足给定的技术指标。为此,我们希望设计的滤波器是带限滤波器,如果不是带限滤波器,如高通滤波器、带阻滤波器等,则需

要在高通滤波器和带阻滤波器之前加保护滤波器,滤去高于折叠频率 π/T 的频带,以免产生频率混叠现象。但这样会使得系统的成本和复杂性增加,所以对高通滤波器和带阻滤波器的设计一般不采用冲激响应不变法。

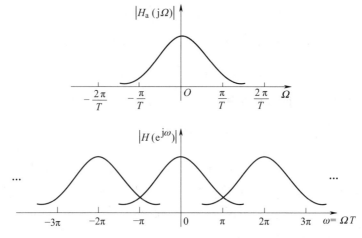

图 5-7　冲激响应不变法的频率混叠现象

冲激响应不变法设计数字滤波器的过程可以归纳为几点:

(1) 确定模拟滤波器的系统函数 $H_a(s)$ 的技术指标;

(2) 根据技术指标设计 $H_a(s)$,并将其写为 $H_a(s)=\sum\limits_{k=1}^{N}\dfrac{A_k}{s-s_k}$ 形式;

(3) 获得冲激响应不变法设计的数字滤波器的系统函数 $H(z)=\sum\limits_{k=1}^{N}\dfrac{A_k}{1-e^{s_kT}z^{-1}}$。

总结一下,冲激响应不变法的优点是频率坐标变换是线性的,即 $\omega=\Omega T$,如果不考虑频率混叠现象,用这种方法设计的数字滤波器会很好地重现原模拟滤波器的频率特性。另外一个优点是数字滤波器的单位冲激响应完全模仿模拟滤波器的单位冲激响应,时域特性逼近好。冲激响应不变法的缺点是会产生频率混叠现象,适合低通、带通滤波器的设计,不适合高通、带阻滤波器的设计。

【例 5-3】　已经知道模拟滤波器的系统函数 $H_a(s)$ 为

(1) $H_a(s)=\dfrac{s+a}{(s+a)^2+b^2}$

(2) $H_a(s)=\dfrac{b}{(s+a)^2+b^2}$

式中 a、b 为常数,设 $H_a(s)$ 因果稳定,试用冲激响应不变法将其转换成数字滤波器的 $H(z)$。

解　本题所给 $H_a(s)$ 正是二阶模拟滤波器的两种典型形式。所以,求解本题的过程就是导出这两种典型形式的 $H_a(s)$ 的冲激响应不变法的转换公式。

(1)
$$H_a(s)=\frac{s+a}{(s+a)^2+b^2}$$

$H_a(s)$ 的极点为

$$s_1=-a+jb,\quad s_1=-a-jb$$

将 $H_a(s)$ 用待定系数法部分分式展开

$$H_a(s) = \frac{s+a}{(s+a)^2+b^2} = \frac{A_1}{s-s_1} + \frac{A_2}{s-s_2}$$

$$= \frac{A_1(s-s_2) + A_2(s-s_1)}{(s+a)^2+b^2}$$

$$= \frac{(A_1+A_2)s - A_1s_2 - A_2s_1}{(s+a)^2+b^2}$$

比较分子可得方程组

$$\begin{cases} A_1 + A_2 = 1 \\ A_1s_2 - A_2s_1 = a \end{cases}$$

解方程组可得

$$\begin{cases} A_1 = 1/2 \\ A_2 = 1/2 \end{cases}$$

所以

$$H_a(s) = \frac{1/2}{s-(-a+jb)} + \frac{1/2}{s-(-a-jb)}$$

根据式(5-38),得到

$$H(z) = \sum_{k=1}^{2} \frac{A_k}{1-e^{s_kT}z^{-1}} = \frac{1/2}{1-e^{(-a+jb)T}z^{-1}} + \frac{1/2}{1-e^{(-a-jb)T}z^{-1}}$$

在工程实际中,一般用无复数乘法器的二阶基本结构实现。由于两个极点共轭对称,所以将 $H(z)$ 的两项通分化简,可得

$$H(z) = \frac{1-e^{-aT}\cos(bT)z^{-1}}{1-2e^{-aT}\cos(bT)z^{-1} + e^{-2aT}z^{-2}}$$

以后如果遇到要求将 $H_a(s) = \dfrac{s+a}{(s+a)^2+b^2}$ 结构用冲激响应不变法转换成数字滤波器的情况时,直接套用上面的公式即可。

(2) $$H_a(s) = \frac{b}{(s+a)^2+b^2}$$

$H_a(s)$ 的极点为

$$s_1 = -a+jb, \quad s_1 = -a-jb$$

将 $H_a(s)$ 用待定系数法部分分式展开

$$H_a(s) = \frac{\frac{1}{2}j}{s-(-a+jb)} + \frac{\frac{1}{2}j}{s-(-a-jb)}$$

所以

$$H(z) = \frac{\frac{1}{2}j}{1-e^{(-a+jb)T}z^{-1}} + \frac{\frac{1}{2}j}{1-e^{(-a-jb)T}z^{-1}}$$

通分化简后,可得

$$H(z) = \frac{1 - e^{-aT}\sin(bT)z^{-1}}{1 - 2e^{-aT}\cos(bT)z^{-1} + e^{-2aT}z^{-2}}$$

5.2.3 双线性映射法

冲激响应不变法的主要缺点是会产生频率混叠现象,使数字滤波器的频率响应偏移模拟滤波器的频率响应。产生的原因是模拟低通的最高截止频率超过了折叠频率 π/T,在数字化后产生了频率混叠,再通过标准映射关系 $z = e^{sT}$,结果在 $\omega = \pi$ 附近形成频率混叠现象。为了克服这一缺点,可以采用非线性频率压缩方法,通过两次压缩映射消除混叠现象,这种方法就是双线性映射法。

双线性映射法是通过两次映射来实现的,第一次映射,先将整个 s 平面压缩到 s_1 平面中的 $\left(-\dfrac{\pi}{T} \leq \Omega_1 \leq \dfrac{\pi}{T}\right)$ 一条横带内。再通过第二次映射,将 $\left(-\dfrac{\pi}{T} \leq \Omega_1 \leq \dfrac{\pi}{T}\right)$ 横带映射到 z 平面单位圆上去,这种映射法可以保证使 s 平面和 z 平面建立单值对应,从而消除混叠现象。该过程如图 5-8 所示。

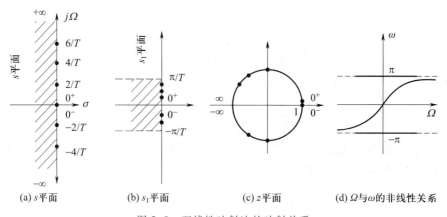

(a) s平面 　　(b) s_1平面 　　(c) z平面 　　(d) Ω与ω的非线性关系

图 5-8　双线性映射法的映射关系

首先,我们可以通过正切映射来实现将 s 平面中的虚轴 $j\Omega = -\infty \rightarrow \infty$ 压缩到 s_1 平面中的虚轴 $j\Omega = -\dfrac{\pi}{T} \rightarrow +\dfrac{\pi}{T}$ 的一段上,即令

$$j\frac{T}{2}\Omega = j\tan\left(\frac{T}{2}\Omega_1\right) = \frac{1 - e^{-j\Omega_1 T}}{1 + e^{-j\Omega_1 T}} \tag{5-45}$$

这次映射实现了将整个 s 平面压缩到 s_1 平面中的 $\left(-\dfrac{\pi}{T} \leq \Omega_1 \leq \dfrac{\pi}{T}\right)$ 一条横带内,那么双线性变化的第一个变换式为

$$s = \frac{2}{T}\left(\frac{1 - e^{-s_1 T}}{1 + e^{-s_1 T}}\right) \tag{5-46}$$

然后再像前面的冲激响应不变法那样进行第二次映射,将 s_1 平面映射到 z 平面。只要令

$$z = e^{s_1 T} \tag{5-47}$$

最终可以得到 s 平面和 z 平面的单值对应关系为

$$s = \frac{2}{T}\left(\frac{1 - z^{-1}}{1 + z^{-1}}\right) \tag{5-48}$$

上述关系式也可以写成

$$z = \frac{1 + \frac{T}{2}s}{1 - \frac{T}{2}s} \tag{5-49}$$

按上式将 s 平面中的虚轴 $j\Omega$ 映射成 z 平面单位圆时,实际上要使频率按照下式进行畸变(不是线性变化),公式为

$$j\Omega = \frac{2}{T}\left(\frac{1 - e^{-j\omega}}{1 + e^{-j\omega}}\right) = j\frac{2}{T}\tan\left(\frac{\omega}{2}\right) \tag{5-50}$$

即

$$\Omega = \frac{2}{T}\tan\left(\frac{\omega}{2}\right) \quad \text{或} \quad \omega = \arctan\left(\frac{\Omega T}{2}\right) \tag{5-51}$$

上述映射最终实现了将左半 s 平面映射到 z 平面单位圆内。s 平面上的 Ω 与 z 平面上的 ω 是图 5-8 所示的非线性正切关系。在 $\omega = 0$ 附近接近线性关系;当 ω 增加时,Ω 增加得越来越快;当 ω 趋近于 π 时,Ω 趋近于 ∞ 。正是这种非线性关系,消除了频率混叠现象。

Ω 与 ω 之间的非线性关系同时也是双线性映射法的缺点,直接影响数字滤波器的频响逼真于模拟滤波器的频响的性能,幅频特性和相频特性的失真情况如图 5-9 所示。这种非线性影响的实质是:如果 Ω 的刻度是均匀的,则映射到 z 平面 ω 的刻度是不均匀的,随着 ω 的增加越来越密。因此如果模拟滤波器的频率响应具有片段常数特性,则转换到 z 平面的数字滤波器仍然具有片段常数特性,主要的特性转折点频率值与模拟滤波器特性转折点频率值成非线性关系。当然,对于不是片段常数的相频特性仍有非线性失真。因此,双线性映射法适合具有片段常数特性的滤波器设计。实际中,一般设计滤波器时,通带和阻带均要求是片段常数,因此双线性映射法得到广泛应用。而且在工程设计时,双线性映射法比冲激响应不变法直接且简单。因为 s 和 z 之间存在像式(5-48)这样的简单代数关系。所以在设计好模拟滤波器的系统函数 $H_a(s)$ 以后,可以直接变量代换得到数字滤波器的系统函数 $H(z)$,即

$$H(z) = H_a(s)\Big|_{s = \frac{2}{T} \cdot \frac{1-z^{-1}}{1+z^{-1}}} \tag{5-52}$$

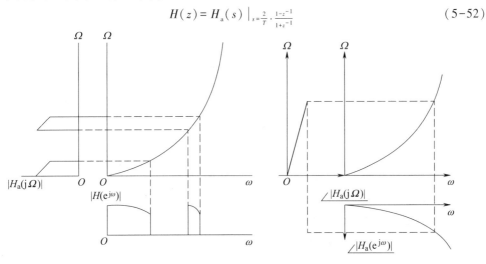

图 5-9 双线性映射法幅频特性和相频特性的非线性映射

【例5-4】　要求设计一个数字低通滤波器,在频率低于 $\omega = 0.261\ 3\pi$ rad 的范围内,低通幅频特性为常数,并且不低于 0.75 dB,在频率 $\omega = 0.401\ 8\pi$ rad 和 π rad 之间,阻带至少衰减了 20 dB。试求出满足这些指标的最低阶巴特沃斯滤波器的系统函数 $H(z)$。采用双线性变换。

解　令 $|H_a(j\Omega)|^2$ 为模拟滤波器的平方幅度函数,且由于采用双线性变换

$$\Omega = \frac{2}{T}\tan(\omega/2)$$

若 $T=1$,根据式(5-14)有

$$10\lg\left|H_a\left[j2\tan\left(\frac{0.261\ 3\pi}{2}\right)\right]\right| \geqslant -0.75 \tag{5-53}$$

$$10\lg\left|H_a\left[j2\tan\left(\frac{0.401\ 8\pi}{2}\right)\right]\right| \leqslant -20 \tag{5-54}$$

巴特沃斯滤波器的形式为

$$|H_a(j\Omega)|^2 = \frac{1}{1+(\Omega/\Omega_c)^{2N}} \tag{5-55}$$

所以

$$1+\left[\frac{2\tan(0.130\ 6\pi)}{\Omega_c}\right]^{2N} = 10^{0.075} \tag{5-56}$$

$$1+\left[\frac{2\tan(0.200\ 9\pi)}{\Omega_c}\right]^{2N} = 10^{2} \tag{5-57}$$

解方程组得

$$\begin{aligned}
N &= \frac{1}{2}\frac{\lg\left[(10^2-1)/(10^{0.075}-1)\right]}{2\lg\left[\tan(0.200\ 9\pi)/\tan(0.130\ 6\pi)\right]}\\
&= \frac{1}{2}\frac{\lg(99/0.188\ 5)}{-0.136\ 16+0.361\ 53}\\
&= \frac{1}{2}\frac{2.720\ 33}{0.225\ 37}\\
&= 6.035\ 25
\end{aligned}$$

指标放松一点,可以取 $N=6$,代入式(5-57)得

$$1+\left[\frac{2\tan(0.200\ 9\pi)}{\Omega_c}\right]^{2\times6} = 10^2$$

$$99^{1/12} = \frac{2\tan(0.200\ 9\pi)}{\Omega_c}$$

$$\Omega_c = 0.996\ 7$$

对于这个 $\Omega_c = 0.996\ 7$ 值,通带技术指标基本达到,阻带技术指标刚好满足,根据 $s_p = (-1)^{\frac{1}{2N}}(j\Omega_c)$,在 s 平面左半部分有 3 个极点对,分别为

极点对 1: $-0.257\ 9\pm j0.962\ 7$

极点对 2: $-0.704\ 7\pm j0.704\ 7$

极点对 3: $-0.962\ 7\pm j0.257\ 9$

于是

$$H_a(s) = \frac{0.980\,4}{(s^2 + 0.515\,8s + 0.993\,3)(s^2 + 1.409\,4s + 0.993\,3)(s^2 + 1.925\,6s + 0.993\,3)}$$

将 $s = 2(1-z^{-1})/(1+z^{-1})$ 代入上式,最后可得

$$H(z) = \frac{0.004\,4\,(1+z^{-1})^6}{(1-1.091\,5z^{-1}+0.812\,7z^{-2})(1-0.939\,2z^{-1}+0.559\,7z^{-2})(1-0.869\,1z^{-1}+0.443\,4z^{-2})}$$

【例 5-5】 试设计一个巴特沃斯低通滤波器,设计指标为:在 0.2π rad 通带频率范围内,通带幅度波动小于 1 dB,在 $(0.2\pi,\pi)$ 阻带频率范围内,阻带衰减大于 15 dB,即

$$10\lg\,|\,H(\mathrm{e}^{j0.2\pi})\,| \geqslant -1$$
$$10\lg\,|\,H(\mathrm{e}^{j0.3\pi})\,| \leqslant -15$$

要求用两种方法设计。

解 这道题要求我们用冲激响应不变法和双线性不变法两种方法设计,我们将看到,由于方法不同,所得到的滤波器结果也不同,但它们都满足技术指标。

(1)冲激响应不变法:

将 $\delta_1 = -1$, $\delta_2 = -15$, $\Omega_p = 0.2\pi$, $\Omega_s = 0.3\pi$ 代入公式,求 N, Ω_c。

$$N = \ln\left(\frac{10^{\frac{\delta_2}{10}}-1}{10^{\frac{\delta_1}{10}}-1}\right) \Big/ 2\ln\frac{\Omega_s}{\Omega_p} = 5.885\,8$$

选 $N = 6$,得

$$\Omega_c = \mathrm{e}^{\left[\ln\Omega_p - \ln(10^{\delta_1/10}-1)/2N\right]} = 0.703\,2$$

求极点:

$$s_p = \Omega_c \cdot \cos\left[(N-1+2p)\pi/2N\right] + j\Omega_c\sin\left[(N-1+2p)\pi/2N\right]$$

可得 s 平面左半面的三对极点为

$$\begin{cases} s_1 = -0.182 + j0.679\,2 \\ s_6 = -0.182 - j0.679\,2 \end{cases}$$

$$\begin{cases} s_2 = -0.497\,2 + j0.497\,2 \\ s_5 = -0.497\,2 - j0.497\,2 \end{cases}$$

$$\begin{cases} s_3 = -0.679\,2 + j0.182\,0 \\ s_4 = -0.679\,2 - j0.182\,0 \end{cases}$$

所以模拟滤波器系统函数为

$$H_B(s) = \sum_{p=1}^{6}\frac{A_p}{s-s_p} = \frac{A_1}{s-s_1} + \cdots + \frac{A_6}{s-s_6}$$

则对应的数字滤波器系统函数为

$$H(z) = \sum_{p=1}^{6}\frac{A_p}{1-\mathrm{e}^{sp}z^{-1}} = \frac{A_1}{1-\mathrm{e}^{s1}z^{-1}} + \cdots + \frac{A_6}{1-\mathrm{e}^{s6}z^{-1}}\ (\text{共 6 项})$$

$$H(z) = \frac{0.287\,1 - 0.446\,6z^{-1}}{1 - 0.129\,7z^{-1} + 0.694\,9z^{-2}} + \frac{-2.142\,8 + 1.145\,4z^{-1}}{1 - 1.069\,1z^{-1} + 0.369\,9z^{-2}}$$

$$+ \frac{1.855\,8 - 0.630\,4z^{-1}}{1 - 0.997\,2z^{-1} + 0.257\,0z^{-2}} \qquad (\text{共 6/2 = 3 项})$$

则

$$H(\mathrm{e}^{\mathrm{j}\omega}) = H(z)\big|_{z=\mathrm{e}^{\mathrm{j}\omega}}$$

（2）双线性不变法（$T=1$）：

首先将 $\delta_1 = -1, \delta_2 = -15, \Omega_p = 2\ \mathrm{tg}\ \dfrac{0.2\pi}{2}, \Omega_s = 2\ \mathrm{tg}\ \dfrac{0.3\pi}{2}$ 代入公式，求 N, Ω_c。

$$N = \ln\left(\frac{10^{\frac{\delta_2}{10}}-1}{10^{\frac{\delta_1}{10}}-1}\right)\bigg/ 2\ln\frac{\Omega_s}{\Omega_p} = 5.885\ 8$$

选 $N=6$，得

$$\Omega_c = \mathrm{e}^{[\ln\Omega_p - \ln(10^{\delta_1/10}-1)/2N]} = 0.766\ 22$$

求极点：

$$s_p = \Omega_c \cdot \cos\left[(N-1+2p)\pi/2N\right] + \mathrm{j}\Omega_c \sin\left[(N-1+2p)\pi/2N\right]$$

同样可得 s 平面左半面的三对极点。

所以模拟滤波器系统函数为

$$H_B(s) = \frac{0.202\ 36}{(s^2+0.396\ 5s+0.587\ 1)(s^2+1.083\ 5s+0.587\ 1)(s^2+1.480\ 25s+0.587\ 1)}$$

求对应的数字滤波器系统函数

令 $s = 2\dfrac{1-z^{-1}}{1+z^{-1}}$，可得：

$$H(z) = \frac{0.000\ 737\ 8\ (1+z^{-1})^{-6}}{(1-1.268\ 6z^{-1}+0.705\ 1z^{-2})(1-1.010\ 6z^{-1}+0.358\ 3z^{-2})} \times$$

$$\frac{1}{1-0.904\ 4z^{-1}+0.215\ 5z^{-2}}$$

则

$$H(\mathrm{e}^{\mathrm{j}\omega}) = H(z)\big|_{z=\mathrm{e}^{\mathrm{j}\omega}}$$

5.2.4　IIR 滤波器的频率变换设计法（高通、带通和带阻数字滤波器设计）

前面介绍的冲激响应不变法和双线性映射法主要实现了低通滤波器的设计，但是在工程上经常要实现各种截止频率的低通、高通、带通和带阻滤波器的设计，设计这些选频滤波器的传统方法就是设计一个归一化截止频率的原型低通滤波器，然后利用代数变换，从原型低通滤波器推导出所要求的各种技术指标的低通、高通、带通和带阻滤波器。这就是我们要介绍的频率变换法。频率变换法的具体步骤为：

（1）首先应用前面的方法设计一个归一化频率的原型低通滤波器 $H_a(s)$。

（2）应用前面的方法将原型模拟低通滤波器映射成低通数字滤波器 $H_L(z)$。

（3）用频率变换法将低通数字滤波器变换成所需技术指标的低通、高通、带通和带阻等数字滤波器 $H_d(z)$。

频率变换的结果，必须能把一个稳定的因果的有理系统函数 $H_L(z)$，变换成相应的稳定的因果的有理系统函数 $H_d(z)$。也就是能把 z_L 平面中的单位圆和单位圆内部映射为 z_d 平面中的单位圆及单位圆内部。满足这种条件的变换形式一般可以写成一个全通网络的形式：

$$z_L^{-1} = \pm \prod_{k=1}^{N} \frac{z_d^{-1} - a_k}{1 - a_k z_d^{-1}} \tag{5-58}$$

为了使系统稳定,式中 $a_k<1$,且当 $a_k=0$ 时,式(5-58)为 $z_L^{-1}=z_d^{-1}$,则 $e^{j\omega}=e^{j\theta}$,即单位圆映射成单位圆。表 5-4 列出了满足式(5-58)的各类变换法,也就是频率变换法中的各类频率变换和关系式。

表 5-4 频率变换法中的各类频率变换和关系式

变换类型	变换关系	参数公式
低通→低通	$z_L^{-1}\Rightarrow\dfrac{z_d^{-1}-a}{1-az_d^{-1}}$	$a=\dfrac{\sin[(\omega_c-\theta_c)/2]}{\sin[(\omega_c+\theta_c)/2]}$ $\theta_c=$ 要求的低通截止频率
低通→高通	$z_L^{-1}\Rightarrow\dfrac{z_d^{-1}+a}{1+az_d^{-1}}$	$a=\dfrac{\cos[(\theta_p+\omega_c)/2]}{\cos[(\theta_p-\omega_c)/2]}$ $\theta_p=$ 要求的高通截止频率
低通→带通	$z_L^{-1}\Rightarrow\dfrac{z_d^{-2}-\dfrac{2ak}{k+1}z_d^{-1}+\dfrac{k-1}{k+1}}{\dfrac{k-1}{k+1}z_d^{-2}-\dfrac{2ak}{k+1}z_d^{-1}+1}$	$a=\dfrac{\cos[(\theta_2+\theta_1)/2]}{\cos[(\theta_2-\theta_1)/2]}$ $k=\cot[(\theta_2-\theta_1)/2]\cdot\text{tg}(\omega_c/2)$ θ_2、θ_1 为要求的上、下截止频率
低通→带阻	$z_L^{-1}\Rightarrow\dfrac{z_d^{-2}-\dfrac{2ak}{k+1}z_d^{-1}+\dfrac{1-k}{1+k}}{\dfrac{1-k}{1+k}z_d^{-2}-\dfrac{2ak}{k+1}z_d^{-1}+1}$	$a=\dfrac{\cos[(\theta_2+\theta_1)/2]}{\cos[(\theta_2-\theta_1)/2]}$ $k=\cot[(\theta_2-\theta_1)/2]\cdot\text{tg}(\omega_c/2)$ θ_2、θ_1 为要求的上、下截止频率

具体实现如下。

1. 低通到低通变换

设计一阶巴特沃斯低通滤波器,其截止频率 $\theta_c=0.1\pi$。

利用低通→低通变换公式

$$a=\frac{\sin[(\omega_c-\theta_c)/2]}{\sin[(\omega_c+\theta_c)/2]}=\frac{\sin[(0.3\pi-0.1\pi)/2]}{\sin[(0.3\pi+0.1\pi)/2]}=\frac{0.308}{0.589}=0.525 \tag{5-59}$$

所以

$$H_d(z)=\frac{1+\dfrac{z^{-1}-0.525}{1-0.525z^{-1}}}{3-\dfrac{z^{-1}-0.525}{1-0.525z^{-1}}}=\frac{0.475+0.475z^{-1}}{3.525-2.575z^{-1}} \tag{5-60}$$

系统函数 $H_d(z)$ 在 $z=0.73$ 处有一阶极点,在 $z=-1$ 处有一阶零点。

直流增益

$$|H_d(e^{j0})|=\frac{0.475+0.475}{3.525-2.575}=\frac{0.95}{0.95}=1 \tag{5-61}$$

高频增益

$$|H_d(e^{j0})|=\frac{0.475-0.475}{3.525-2.575}=\frac{0}{0.95}=0 \tag{5-62}$$

2. 低通到高通变换

设计一阶巴特沃斯高通滤波器,其截止频率 $\theta_c=0.4\pi$。

利用低通→高通变换公式

$$a = -\frac{\cos[(\omega_c+\theta_c)/2]}{\cos[(\omega_c-\theta_c)/2]} = \frac{\cos[(0.3\pi+0.4\pi)/2]}{\cos[(0.3\pi-0.4\pi)/2]} = -\frac{0.454}{0.988} = -0.46 \quad (5-63)$$

所以

$$H_d(z) = \frac{1-\dfrac{z^{-1}-0.46}{1-0.46z^{-1}}}{3+\dfrac{z^{-1}-0.46}{1-0.46z^{-1}}} = \frac{1.46-1.46z^{-1}}{2.54-0.38z^{-1}} \quad (5-64)$$

系统函数 $H_d(z)$ 在 $z=0.15$ 处有一阶极点,在 $z=1$ 处有一阶零点。

直流增益

$$|H_d(e^{j0})| = \frac{1.46-1.46}{2.54-0.38} = 0 \quad (5-65)$$

高频增益

$$|H_d(e^{j0})| = \frac{1.46+1.46}{2.54+0.38} = 1 \quad (5-66)$$

3. 低通到带通变换

现要设计一阶巴特沃斯带通滤波器,其上截止频率 $\theta_2=0.6\pi$,下截止频率 $\theta_1=0.4\pi$。

利用低通→带通变换公式

$$a = \frac{\cos[(\theta_1+\theta_2)/2]}{\cos[(\theta_1-\theta_2)/2]} = \frac{\cos[(0.6\pi+0.4\pi)/2]}{\cos[(0.6\pi-0.4\pi)/2]} = 0 \quad (5-67)$$

$$k = \cot[(0.6\pi-0.4\pi)/2]\tan(0.3\pi/2) = \frac{0.510}{0.325} = 1.569$$

$$\frac{k-1}{k+1} = \frac{1.569-1}{1.569+1} = 0.221$$

$$\frac{2ak}{k+1} = 0$$

所以

$$H_d(z) = \frac{1-\dfrac{z^{-2}+0.221}{0.221z^{-2}+1}}{3+\dfrac{z^{-2}+0.221}{0.221z^{-2}+1}} = \frac{-0.779z^{-2}+0.779}{1.663z^{-2}+3.221} \quad (5-68)$$

系统函数在 $z=\pm j0.779$ 处有一对共轭极点,在 $z=\pm1$ 处有两个零点,将 $z=e^{j0.5\pi}$ 代入上式,可得带通中心频率处的响应是

$$H_d(e^{j0.5\pi}) = \frac{0.779+0.779}{-1.663+3.221} = 1$$

而其直流增益和高频增益均为 0,即 $H_d(e^{j0}) = H_d(e^{j\pi}) = 0$。

4. 低通到带阻变换

要设计一阶巴特沃斯带阻滤波器,带阻中心频率 $\theta_0=0.6\pi$,上、下截止频率分别为 $\theta_2=0.6\pi$、$\theta_1=0.4\pi$。

利用低通→带阻变换公式

$$a = 0; k = (0.1\pi)\tan(0.15\pi) = 0.166$$

所以

$$H_d(z) = \frac{1 + \dfrac{z^{-2} + 0.715}{0.715z^{-2} + 1}}{3 - \dfrac{z^{-2} + 0.715}{0.715z^{-2} + 1}} = \frac{1.715z^{-2} + 1.715}{1.145z^{-2} + 2.285} \tag{5-69}$$

系统函数在 $z = \pm j0.5$ 处有一对共轭极点,在 $z = \pm j$ 处有两个零点,将 $z = e^{j0.5\pi}$ 代入上式,可得阻带中心频率处的响应是 $H_d(e^{j0.5\pi}) = 0$。而其直流增益和高频增益 $H_d(e^{j0}) =$ $H_d(e^{j\pi}) = \dfrac{1.715 + 1.715}{1.145 + 2.285} = 1$

5.2.5 IIR 数字滤波器的直接设计法

前面介绍的 IIR 数字滤波器的设计方法是通过先设计模拟滤波器,再进行 $s{-}z$ 平面转换来达到设计数字滤波器的目的,这种数字滤波器的设计方法实际是一种间接设计法,而且幅频特性受到所选模拟滤波器特性的限制。例如巴特沃斯低通模拟滤波器幅频特性是单调下降的,但切比雪夫低通特性带内外有上下波动等,对于任意幅频特性的滤波器则不适合采用这种设计方法。本节介绍在数字域直接设计 IIR 数字滤波器的方法,其特点是适合设计任意幅频特性的滤波器。

1. 在时域直接设计 IIR 数字滤波器

设我们希望设计的 IIR 数字滤波器的单位冲激响应为 $h_d(n)$,要求设计一个单位冲激响应 $h(n)$ 充分逼近 $h_d(n)$。下面我们介绍在时域直接设计 IIR 数字滤波器的方法。

设滤波器是因果性的,系统函数为

$$H(z) = \frac{\displaystyle\sum_{i=0}^{N} b_i z^{-i}}{\displaystyle\sum_{i=0}^{N} a_i z^{-i}} = \sum_{k=0}^{\infty} h(k) z^{-k} \tag{5-70}$$

式中 $a_0 = 1$,未知系数 a_i 和 b_i 共有 $M + N + 1$ 个,取 $h(n)$ 的一段,$0 \leqslant n \leqslant p-1$,使其充分逼近 $h_d(n)$,用此原则求解 $M + N + 1$ 个系数。将式(5-70)改写为

$$\sum_{k=0}^{p-1} h(k) z^{-k} \sum_{i=0}^{N} a_i z^{-i} = \sum_{i=0}^{N} b_i z^{-i}$$

令 $p = M + N + 1$,则

$$\sum_{k=0}^{M+N} h(k) z^{-k} \sum_{i=0}^{N} a_i z^{-i} = \sum_{i=0}^{N} b_i z^{-i} \tag{5-71}$$

令上面等式两边 z 的同幂次项的系数相等,可得到 $M + N + 1$ 个等式

$$h(0) = b_0$$
$$h(0)a_1 + h(1) = b_1$$
$$h(0)a_2 + h(1)a_1 = b_2$$
$$\vdots$$

上式表明 $h(n)$ 是系数 a_i 和 b_i 的非线性函数,考虑到 $i > M$ 时,$b_i = 0$,一般表达式为

$$\sum_{j=0}^{k} a_j h(k-j) = b_k, \quad 0 \leqslant k \leqslant M \tag{5-72}$$

$$\sum_{j=0}^{k} a_j h(k-j) = 0, \quad M \leqslant k \leqslant M+N \tag{5-73}$$

由于希望 $h(k)$ 充分逼近 $h_d(k)$，因此上面两式中的 $h(k)$ 用 $h_d(k)$ 代替，这样求解式 (5-72) 和式 (5-73)，得到 N 个 a_i 和 $M+1$ 个 b_i。

上面分析推导表明，对于无限长冲激响应 $h(n)$，这种方法只是提前 $M+N+1$ 项，令其等于所要求的 $h_d(n)$，而 $M+N+1$ 项以后的不考虑。这种时域逼近法限制 $h_d(n)$ 的长度等于 a_i 和 b_i 数目的总和，使得滤波器的选择性受到限制，如果滤波器阻带衰减要求很高，则不适合用这种方法。用这种方法得到的系数，可以作为其他更好的优化算法的初始估计值。

实际中，有时候要求给定一定的输入波形信号，滤波器的输出为希望的波形，这种滤波器称为波形形成滤波器，也属于这种时域的直接设计法。

设 $x(n)$ 为给定的输入信号，$0 \leqslant n \leqslant M-1$；$y_d(n)$ 是相应希望的输出信号，$0 \leqslant n \leqslant N-1$；实际滤波器的输出用 $y(n)$ 表示。下面我们按照 $y(n)$ 和 $y_d(n)$ 的最小均方误差求解滤波器的最佳解，设均方误差用 E 表示：

$$E = \sum_{n=0}^{N-1} \left[y(n) - y_d(n) \right]^2 \tag{5-74}$$

$$= \sum_{n=0}^{N-1} \left[\sum_{m=0}^{n} h(m) x(n-m) - y_d(n) \right]^2$$

为选择 $h(n)$ 使 E 最小，令

$$\frac{\partial E}{\partial h(i)} = 0, \quad i = 0, 1, 2, \cdots, N-1 \tag{5-75}$$

由式 (5-75) 可得

$$\sum_{n=0}^{N-1} 2 \left[\sum_{m=0}^{n} h(m) x(n-m) - y_d(n) \right] x(n-i) = 0$$

$$\sum_{n=0}^{N-1} \sum_{m=0}^{n} h(m) x(n-m) x(n-i) = \sum_{n=0}^{N-1} y_d(n) x(n-i) \tag{5-76}$$

将式 (5-76) 写成矩阵形式：

$$\begin{pmatrix} \sum\limits_{n=0}^{N-1} x^2(n) & \sum\limits_{n=0}^{N-1} x(n-1)x(n) & \cdots & \sum\limits_{n=0}^{N-1} x(n-N+1)x(n) \\ \sum\limits_{n=0}^{N-1} x(n)x(n-1) & \sum\limits_{n=0}^{N-1} x^2(n-1) & \cdots & \sum\limits_{n=0}^{N-1} x(n-N+1)x(n-1) \\ \vdots & \vdots & \cdots & \vdots \\ \sum\limits_{n=0}^{N-1} x(n)x(n-N+1) & \sum\limits_{n=0}^{N-1} x(n-1)x(n-N+1) & \cdots & \sum\limits_{n=0}^{N-1} x^2(n-N+1) \end{pmatrix}$$

$$\times \begin{pmatrix} h(0) \\ h(1) \\ \vdots \\ h(N-1) \end{pmatrix} = \begin{pmatrix} \sum\limits_{n=0}^{N-1} y_d(n)x(n) \\ \sum\limits_{n=0}^{N-1} y_d(n)x(n-1) \\ \vdots \\ \sum\limits_{n=0}^{N-1} y_d(n)x(n-N+1) \end{pmatrix} \tag{5-77}$$

利用上式可以得到 N 个系数 $h(n)$，再用式(5-72)、式(5-73)求出 $H(z)$ 的 N 个 a_i 和 $M+1$ 个 b_i。

【例 5-6】 试设计一数字滤波器，要求在给定输入为 $x(n)=\{3,1\}$ 的情况下，输出 $y_d(n)=\{1,0.25,0.1,0.01,0\}$。

解 设 $h(n)$ 的长度为 $p=4$，按照式(5-72)可得：

$$\begin{bmatrix} 10 & 3 & 0 & 0 \\ 3 & 10 & 3 & 0 \\ 0 & 3 & 10 & 3 \\ 0 & 0 & 3 & 9 \end{bmatrix} \begin{bmatrix} h(0) \\ h(1) \\ h(2) \\ h(3) \end{bmatrix} = \begin{bmatrix} 3.25 \\ 0.85 \\ 0.31 \\ 0.03 \end{bmatrix}$$

列出方程组为

$$\begin{cases} 10h(0)+3h(1)=3.25 \\ 3h(0)+10h(1)+3h(2)=0.85 \\ 3h(1)+10h(2)+3h(3)=0.31 \\ 3h(2)+9h(3)=0.03 \end{cases}$$

解方程组得

$$\begin{cases} h(0)=0.333\ 3 \\ h(1)=-0.027\ 8 \\ h(2)=0.042\ 6 \\ h(3)=-0.010\ 9 \end{cases}$$

将 $h(n)$ 及 $M=1,N=2$ 代入式(5-72)、式(5-73)中，得：

$$\begin{cases} a_1=0.182\ 4 \\ a_2=-0.112\ 6 \\ b_1=0.333\ 3 \\ b_2=0.033\ 0 \end{cases}$$

滤波器的系统函数为

$$H(z)=\frac{0.333\ 3+0.033\ 0z^{-1}}{1+0.182\ 4z^{-1}-0.112\ 6z^{-2}}$$

相应的差分方程为

$$y(n)=0.333\ 3x(n)+0.033\ 0x(n-1)-0.182\ 4y(n-1)+0.112\ 6y(n-2)$$

在给定输入为 $x(n)=\{3,1\}$ 的情况下，输出 $y(n)$ 为

$$y(n)=\{0.999\ 9,0.249\ 9,0.1,0.009\ 9,0.009\ 5,0.000\ 6,0.001\ 2,\cdots\}$$

将 $y(n)$ 与 $y_d(n)$ 进行比较发现，前 5 项很接近，$y(n)$ 在 5 项以后幅度值很小。

2. 零极点累试法

前面我们分析过零极点分布对系统的影响，通过分析，我们知道极点位置主要影响系统幅频特性峰值位置及尖锐程度，零点位置主要影响系统幅频特性谷值位置及下凹程度，且通过零极点分析的几何作图法可以定性地画出其幅频特性。这给我们提供了一种直接设计滤波器的方法：首先根据其幅频特性确定零极点位置，再按照确定的零极点写出其系统函数，画出其幅频特性，并与希望的进行比较，如不满足要求，可通过移动零极点位置或增加减少零极点进行修正。由于这种修正需要多次，因此称这种方法为零极点

累试法。我们在确定零极点位置时要注意的有两点：

（1）极点必须位于 z 平面的单位圆内，保证数字滤波器是因果稳定的；

（2）复数零极点必须共轭成对，保证系统函数有理式的系数是实数。

【例 5-7】 试设计一数字带通滤波器，通带中心频率为 $\omega_0 = \pi/2$。$\omega = 0, \pi$ 时，幅度衰减到 0。

解 确定极点 $z_{1,2} = r\mathrm{e}^{\pm\mathrm{j}\frac{\pi}{2}}$，零点 $z_{3,4} = \pm 1$，零极点分布如图 5-10(a)所示，则 $H(z)$ 为

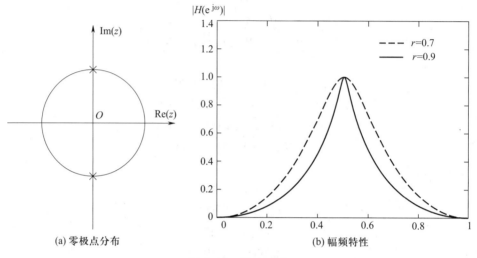

(a) 零极点分布   (b) 幅频特性

图 5-10 例 5-7 图

$$H(z) = G\frac{(z-1)(z+1)}{\left(z-r\mathrm{e}^{\mathrm{j}\frac{\pi}{2}}\right)\left(z-r\mathrm{e}^{-\mathrm{j}\frac{\pi}{2}}\right)} = G\frac{z^2-1}{(z-\mathrm{j}r)(z+\mathrm{j}r)} = G\frac{1-z^{-2}}{1+r^2z^{-2}}$$

式中系数 G 根据对某一固定频率幅度的要求确定。如果要求 $\omega = \pi/2$ 处幅度为 1，即 $\left| H(\mathrm{e}^{\mathrm{j}\omega}) \right| \Big|_{\omega=\frac{\pi}{2}} = \pi/2$，$G = (1-r^2)/2$，设 $r = 0.7$、0.9，分别画出其幅频特性如图 5-10(b)所示。从图 5-10 中可以看到，极点越靠近单位圆（r 越接近 1），带通特性越尖锐。

3. 在频域用幅度平方误差最小法直接设计 IIR 数字滤波器

设 IIR 数字滤波器由 K 个二阶网络级联而成，系统函数用 $H(z)$ 表示：

$$H(z) = A\prod_{i=1}^{K}\frac{1+a_iz^{-1}+b_iz^{-2}}{1+c_iz^{-1}+d_iz^{-2}} \tag{5-78}$$

式中，A 为常数；a_i, b_i, c_i, d_i 为待求的系数；$H_\mathrm{d}(\mathrm{e}^{\mathrm{j}\omega})$ 是希望设计的滤波器频率响应。如果在 $(0, \pi)$ 区间取 N 点数字频率 $\omega_i, i = 1, 2, \cdots, N$，在这 N 点频率上，比较 $\left| H_\mathrm{d}(\mathrm{e}^{\mathrm{j}\omega}) \right|$ 和 $\left| H(\mathrm{e}^{\mathrm{j}\omega}) \right|$，写出两者的幅度平方误差 E 为

$$E = \sum_{i=1}^{N}\left[\left| H(\mathrm{e}^{\mathrm{j}\omega_i}) \right| - \left| H_\mathrm{d}(\mathrm{e}^{\mathrm{j}\omega_i}) \right| \right]^2 \tag{5-79}$$

而在式(5-78)中有 $4K+1$ 个待定系数，求它们的原则是使 E 最小。

按照式(5-79)，E 是 $4K+1$ 个未知数的函数，用下式表示：

$$E = E(\theta, A)$$

$$\theta = \left[a_1 b_1 c_1 d_1 \cdots a_K b_K c_K d_K \right]^\mathrm{T}$$

上式中 θ 表示 $4K$ 个系数组成的系数向量。令

$$H_i = \frac{H(e^{j\omega_i})}{A}, H_d = H_d(e^{j\omega_i})$$

那么

$$E(\theta, A) = \sum_{i=1}^{N} \left[\, |A\|H_i| - |H_d|\,\right]2 \qquad (5-80)$$

为选择 A 使得 E 最小,令

$$\frac{\partial E(\theta, A)}{\partial |A|} = 0$$

$$\sum_{i=1}^{N} \left[\, 2|A\|H_i| - 2|H_d|\,\right] = 0 \qquad (5-81)$$

$$|A| = \frac{\sum_{i=1}^{N} |H_i\|H_d|}{\sum_{i=1}^{N} |H_i|^2} \overset{\text{def}}{=} A_g \qquad (5-82)$$

这里只考虑幅度误差,不考虑 A 的符号,将 A_g 作为常数代入式(5-80)$|A|$ 中。然后将 $E(\theta, A)$ 对 $4K$ 个系数分别求偏导,令其等于 0,共有 $4K$ 个方程,可以解 $4K$ 个未知数。

这种方法实际上是一种计算机的优化选择方法,优化的原则是幅度平方误差最小,由于需要通过计算机迭代求解滤波器系数,所以这种方法也称为计算机辅助设计法。

1-12 求解方法推导

在设计过程中,对系统函数零极点位置没有给出任何约束,零极点可能在单位圆内,也可能在单位圆外。如果系统函数极点在单位圆外,则会造成滤波器不是因果稳定的,因此需要对这些单位圆外的极点进行修正。设极点 z_1 在单位圆外,对其导数进行代换,变成 z_1^{-1},这样极点一定移到单位圆内,但幅频特性会有影响,下面分析这种修正的影响。

由于系统函数是一个有理函数,零极点都是共轭成对的,对于极点 z_1,一定有下面的关系存在:

$$\begin{aligned}
|e^{j\omega} - z_1||e^{j\omega} - z_1^*| &= |(e^{j\omega} - z_1)^*\|(e^{j\omega} - z_1^*)^*| \\
&= |e^{-j\omega} - z_1^*\|e^{-j\omega} - z_1| \\
&= \left| z_1^*\left(\frac{1}{z_1^*} - e^{j\omega}\right)e^{-j\omega}\right|\left|z_1\left(\frac{1}{z_1} - e^{j\omega}\right)e^{-j\omega}\right| \\
&= |z_1|^2\left|e^{j\omega} - \frac{1}{z_1^*}\right|\left|e^{j\omega} - \frac{1}{z_1}\right| \qquad (5-83)
\end{aligned}$$

上式表明,极点 z_1 和它的共轭极点 z_1^*,均用其倒数 z_1^{-1} 和 $(z_1^*)^{-1}$ 代替后,幅度特性的形状不变化,仅是幅度的增益变化了 $|z_1|^2$。一般极点这样搬移后需要继续进行前面的迭代计算。

【例5-8】 试设计一数字低通滤波器,其幅频特性如图 5-11(a)所示,截止频率 $\omega_s = 0.1\pi\text{rad}$。

解 考虑到通带和过渡带的重要,在 $0 \sim 0.2\pi$ 区间,每隔 0.01π 取一点 ω_i 值,在 $0.2\pi \sim \pi$ 区间每隔 0.1π 取一点 ω_i 值,并增加一点过渡带,在 $\omega = 0.1\pi$ 处 $|H_d(e^{j\omega})| = 0.5$,即

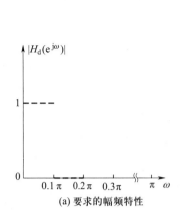

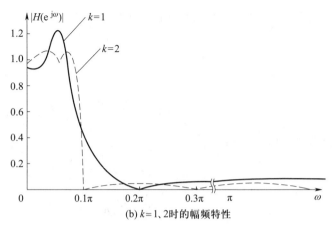

(a) 要求的幅频特性   (b) $k=1$、2时的幅频特性

图 5-11   例 5-8 图

$$|H_d(e^{j\omega})| = \begin{cases} 1.0, \omega = 0, 0.01\pi, \cdots, 0.09\pi \\ 0.5, \omega = 0.1\pi \\ 0.0, \omega = 0.11\pi, 0.12\pi, \cdots, 0.19\pi \\ 0.0, \omega = 0.2\pi, 0.3\pi, \cdots, 1.0\pi \end{cases}$$

因为在 $0 \sim 0.2\pi$ 区间, 每隔 0.01π 取一点 ω_i 值, 在 $0.2\pi \sim \pi$ 区间每隔 0.1π 取一点 ω_i 值。所以, $N = 29$, 取 $k = 1$, 系统函数为

$$H(z) = A\frac{1 + a_1 z^{-1} + b_1 z^{-2}}{1 + c_1 z^{-1} + d_1 z^{-2}}$$

待求的参数是 A、a_1、b_1、c_1、d_1。设初始值 $\theta = (0, 0, 0, -0.25)^T$ 经过 90 次迭代, 求得 $E = 1.261\ 1$, 系统函数零点为 $0.678\ 344\ 30 \pm j0.734\ 744\ 18$, 极点为 $0.756\ 777\ 93 \pm j0.132\ 139\ 16$。

为使滤波器因果稳定, 将极点按其倒数移到单位圆内, 再进行 62 次优化迭代, 求得结果为

零点为 $0.821\ 911\ 63 \pm j0.569\ 615\ 01$, 极点为 $0.891\ 763\ 90 \pm j0.191\ 810\ 84$, $A_g = 0.117\ 339\ 78$, $E = 0.567\ 31$。

其幅频特性如图 5-11(b) 所示。$k = 2$ 时幅频特性如图 5-11(b) 虚线所示。该图表明 $k = 2$ 比 $k = 1$ 时的幅频特性改善了, 且幅度平方误差 E 也小了。因此我们知道如果计算结果不符合技术指标, 就可以通过变化 k, 直到满足要求。

这种设计方法计算比较复杂, 一般要用计算机进行求解, 但它可以得到任意给定幅频特性且性能比较好。

误差函数用下式表示:

$$E_p = \sum_{i=1}^{N} W(e^{j\omega_i})(|H(e^{j\omega_i})| - |H_d(e^{j\omega_i})|)^p \qquad (5-84)$$

式中 $W(e^{j\omega_i})$ 称为加权函数, 其作用是使不同频带的相对误差不同。用该式选取 $H_d(e^{j\omega})$ 的参数使 E_p 最小, 称为最小 p 误差准则。利用高阶的 p 误差准则可设计出更高级的优化滤波器。这种幅度误差平方最小的设计方法也适于相频特性和时延特性的优化设计。

5.3 FIR 数字滤波器设计

一个数字滤波器的输出 $y(n)$ 如果仅取决于有限个过去的输入和现在的输入,那么我们习惯上称这类数字滤波器为有限冲激响应数字滤波器,简记为 FIR。由于 IIR 数字滤波器是利用模拟滤波器的理论进行设计的,保留了模拟滤波器优良的幅频特性,因而设计中只考虑了幅频特性,没有考虑相频特性,所以一般情况下 IIR 数字滤波器是非线性的。而 FIR 数字滤波器很容易做到严格意义的线性相频特征,这对于信号处理是非常重要的,相关内容我们在下面阐述。另外,其冲激响应 $h(n)$ 从 $n=0,1,\cdots,N-1$ 的有限个 N 点上有值的 FIR 的系统函数一般可以表示为

$$H(z) = \sum_{n=0}^{N-1} h(n) z^{-n} \tag{5-85}$$

$H(z)$ 是 z^{-1} 的 $(N-1)$ 次多项式,它在 z 平面上有 $(N-1)$ 个零点,同时 $z=0$ 是 $(N-1)$ 阶重极点。很明显,FIR 单位冲激响应是有限长的,所以它永远是稳定的。稳定和线性相位是 FIR 数字滤波器最突出的两个优点。

FIR 数字滤波器的设计任务,就是要选择有限长度的 $h(n)$,使得系统函数 $H(e^{j\omega})$ 满足技术要求。这里所说的要求除了以前提到的通带频率 ω_p、阻带频率 ω_s,两个带上的最大和最小衰减 α_p 和 α_s 外,很重要的一条就是保证 $H(z)$ 具有线性相位。FIR 数字滤波器的设计方法主要有三种:窗口函数法(傅里叶级数法)、频率采样法和切比雪夫等波纹(最佳一致)逼近法。

5.3.1 FIR 数字滤波器的线性相频特性

首先讨论 FIR 数字滤波器的线性相位条件:

对于长度为 N 的 $h(n)$,系统函数为

$$H(e^{j\omega}) = \sum_{n=0}^{N-1} h(n) e^{-j\omega n} \tag{5-86}$$

$$H(e^{j\omega}) = H_g(\omega) e^{-j\theta(\omega)} \tag{5-87}$$

式中,$H_g(\omega)$ 为幅频特性,$\theta(\omega)$ 为相频特性。这里 $H_g(\omega)$ 是 ω 的实函数。$H(e^{j\omega})$ 线性相位是指 $\theta(\omega)$ 是 ω 的线性函数,即

$$\theta(\omega) = -\tau\omega, \ \tau \ \text{为常数} \tag{5-88}$$

如果 $\theta(\omega)$ 满足下式

$$\theta(\omega) = \theta_0 - \tau\omega, \ \theta_0 \text{是起始相位} \tag{5-89}$$

也认为是线性相位,因为式(5-89)满足群时延是一个常数。我们一般称满足式(5-88)的为第一类线性相位,满足式(5-89)的为第二类线性相位。

满足第一类线性相位的充要条件是

$$h(n) = h(N-1-n) \tag{5-90}$$

满足第二类线性相位的充要条件是

$$h(n) = -h(N-1-n) \tag{5-91}$$

证明

(1)第一类线性相位的充要条件情况:

$$H(z) = \sum_{n=0}^{N-1} h(n) z^{-n}$$

将 $h(n) = h(N-1-n)$ 代入可得

$$H(z) = \sum_{n=0}^{N-1} h(N-n-1) z^{-n}$$

令 $m = N-n-1$，则有

$$H(z) = \sum_{m=0}^{N-1} h(m) z^{-(N-m-1)} = z^{-(N-1)} \sum_{m=0}^{N-1} h(m) z^{m}$$

所以

$$H(z) = z^{-(N-1)} H(z^{-1}) \tag{5-92}$$

再将 $H(z)$ 的表达式写为

$$H(z) = \frac{1}{2}[H(z) + H(z)] = \frac{1}{2}[H(z) + z^{-(N-1)} H(z^{-1})]$$

将 $z = e^{j\omega}$ 代入上式，得：

$$H(e^{j\omega}) = e^{-j\left(\frac{N-1}{2}\right)\omega} \sum_{n=0}^{N-1} h(n) \cos\left[\left(n - \frac{N-1}{2}\right)\omega\right]$$

那么对照式(5-93)，幅度函数 $H_g(\omega)$ 和相位函数 $\theta(\omega)$ 分别为

$$H_g(\omega) = \sum_{n=0}^{N-1} h(n) \cos\left[\left(n - \frac{N-1}{2}\right)\omega\right] \tag{5-93}$$

$$\theta(\omega) = -\frac{1}{2}(N-1)\omega \tag{5-94}$$

（2）第二类线性相位的充要条件情况：

$$H(z) = \sum_{n=0}^{N-1} h(n) z^{-n}$$

将 $h(n) = -h(N-1-n)$ 代入可得

$$H(z) = -\sum_{n=0}^{N-1} h(N-n-1) z^{-n}$$

令 $m = N-n-1$，则有

$$H(z) = -\sum_{m=0}^{N-1} h(m) z^{-(N-m-1)} = -z^{-(N-1)} \sum_{m=0}^{N-1} h(m) z^{m}$$

所以

$$H(z) = -z^{-(N-1)} H(z^{-1}) \tag{5-95}$$

再将 $H(z)$ 的表达式写为

$$H(z) = \frac{1}{2}[H(z) + H(z)] = \frac{1}{2}[H(z) - z^{-(N-1)} H(z^{-1})]$$

将 $z = e^{j\omega}$ 代入上式，得：

$$H(e^{j\omega}) = -j e^{-j\left(\frac{N-1}{2}\right)\omega} \sum_{n=0}^{N-1} h(n) \sin\left[\left(n - \frac{N-1}{2}\right)\omega\right]$$

那么对照式(5-88)，幅度函数 $H_g(\omega)$ 和相位函数 $\theta(\omega)$ 分别为

$$H_g(\omega) = \sum_{n=0}^{N-1} h(n) \sin\left[\left(n - \frac{N-1}{2}\right)\omega\right] \tag{5-96}$$

$$\theta(\omega) = -\frac{1}{2}(N-1)\omega - \frac{\pi}{2} \qquad (5-97)$$

另外,由于 $h(n)$ 的长度 N 取奇数还是偶数对 $H(e^{j\omega})$ 的特性也有影响,因此,对于两类线性相位,可以分四种情况进行讨论。表 5-5 综合了线性相位 FIR 数字滤波器在各种形式对称状态下的 N 点冲激响应的频率特性。由表 5-5 可以看出,按 1、3 模式设计 FIR 数字滤波器,便于形成低通特性,而按照 2、4 模式设计 FIR 数字滤波器则便于形成高通特性。

表 5-5 线性相位 FIR 滤波器在各种形式对称状态下的 N 点冲激响应的频率特性

模式	N	$H(e^{j\omega})$
1	N 为偶数,偶对称 $h(n) = h(N-1-n)$ $n = 0, 1, \cdots, N-1$	$H(e^{j\omega}) = e^{-j\omega\frac{N-1}{2}}\left\{\sum_{n=0}^{\frac{N}{2}-1} 2h(n)\cos\left[\omega\left(\frac{N-1}{2}-n\right)\right]\right\}$
2	N 为偶数,奇对称 $h(n) = -h(N-1-n)$ $n = 0, 1, \cdots, N-1$	$H(e^{j\omega}) = je^{-j\omega\frac{N-1}{2}}\left\{\sum_{n=0}^{\frac{N}{2}-1} 2h(n)\sin\left[\omega\left(\frac{N-1}{2}-n\right)\right]\right\}$
3	N 为奇数,偶对称 $h(n) = h(N-1-n)$ $n = 0, 1, \cdots, \frac{N-3}{2}$ $H\left(\frac{N-1}{2}\right)$ 为任意值	$H(e^{j\omega}) = e^{-j\omega\frac{N-1}{2}}\left\{\sum_{n=0}^{\frac{N}{2}-3} 2h(n)\cos\left[\omega\left(\frac{N-1}{2}-n\right)\right] + h\left(\frac{N-1}{2}\right)\right\}$
4	N 为奇数,奇对称 $h(n) = -h(N-1-n)$ $n = 0, 1, \cdots, \frac{N-3}{2}$ $H\left(\frac{N-1}{2}\right) = 0$	$H(e^{j\omega}) = -je^{-j\omega\frac{N-1}{2}}\left\{\sum_{n=0}^{\frac{N}{2}-3} 2h(n)\cos\left[\omega\left(\frac{N-1}{2}-n\right)\right]\right\}$

我们知道,对于 FIR 数字滤波器的直接型结构,需要 N 个乘法器,但对于线性相位 FIR 数字滤波器,N 为偶数时,仅需 $N/2$ 个乘法器,如果 N 为奇数,则需 $(N+1)/2$ 个乘法器,都节约了一半左右。第一类线性相位网络结构如图 5-12 所示,第二类线性相位网络结构如图 5-13 所示。

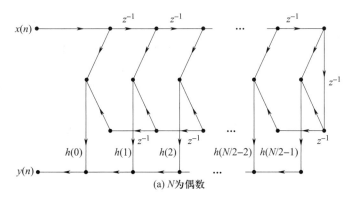

(a) N 为偶数

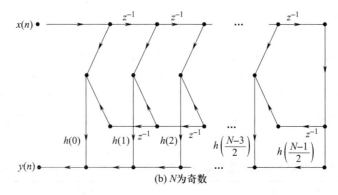

(b) N 为奇数

图 5-12　第一类线性相位网络结构

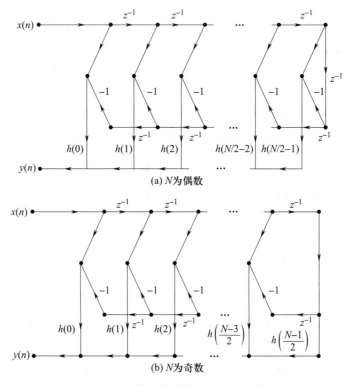

(a) N 为偶数

(b) N 为奇数

图 5-13　第二类线性相位网络结构

5.3.2　窗函数设计法

窗函数设计方法是 FIR 滤波器的一种基本设计方法,它的优点是设计思路简单,性能也能满足常用选频滤波器的要求。窗函数设计法的基本思路是直接从理想滤波器的频率特性入手,通过积分求出对应的单位采样响应的表达式,最后通过加窗,得到满足要求的 FIR 滤波器的单位采样响应,窗函数在很大程度上决定了 FIR 滤波器的性能指标,因此称作"窗函数设计法"。

设计有限冲激响应系统最直接的方法,就是寻求系统单位采样响应 $h(n)$,使 $h(n)$ 逼近理想的单位采样响应 $h_\mathrm{d}(n)$。希望设计的滤波器的单位采样响应 $h_\mathrm{d}(n)$ 和理想频率响应 $H_\mathrm{d}(\mathrm{e}^{\mathrm{j}\omega})$ 是傅里叶变换对。即满足条件

$$H_d(e^{j\omega}) = \sum_{n=-\infty}^{\infty} h_d(n) e^{-j\omega n}$$

$$h_d(n) = \frac{1}{2\pi} \int_{-\pi}^{\pi} H_d(e^{j\omega}) e^{j\omega n} d\omega$$

而理想低通滤波器的系统函数 $H_d(e^{j\omega})$ 为

$$H_d(e^{j\omega}) = \begin{cases} e^{-j\omega\alpha}, & |\omega| \leqslant \omega_c \\ 0, & \omega_c < \omega \leqslant \pi \end{cases} \tag{5-98}$$

$$h_d(n) = \frac{1}{2\pi} \int_{-\omega_c}^{\omega_c} e^{-j\omega\alpha} e^{j\omega n} d\omega = \frac{\sin[\omega_c(n-\alpha)]}{\pi(n-\alpha)} \tag{5-99}$$

其中,α 常为 $N/2-1$。

一般来说,理想滤波器的 $H_d(e^{j\omega})$ 在频带边界上不连续,则对应的 $h_d(n)$ 是无限长序列。如果频率响应是零相位,该系统还是一非因果序列。因此,为了得到因果的有限时宽的冲激响应 $h(n)$,则必须将理想的系统序列 $h_d(n)$ 移位,并将其截断而成为有限长因果序列。即

$$h(n) = \begin{cases} h_d(n-m), & 0 \leqslant n \leqslant N-1 \\ 0, & \text{其他 } n \end{cases} \tag{5-100}$$

也可以理解为:$h(n)$ 是无限长序列 $h_d(n-m)$ 和一个有限长的"窗函数" $w(n)$ 的乘积。因此,公式也可以写为

$$h(n) = h_d(n-m)w(n), \quad 0 \leqslant n \leqslant N-1 \tag{5-101}$$

其中 m 经常为 $\dfrac{N}{2}-1$(如果 $h_d(n)$ 为零相位序列,N 为偶数)。式中

$$w(n) = \begin{cases} 1, & 0 \leqslant n \leqslant N-1 \\ 0, & \text{其他} \end{cases} \tag{5-102}$$

称为"矩形窗序列"。

这样用一个有限长的序列 $h(n)$ 去代替无限长序列 $h_d(n)$,肯定会引起误差,表现在频域就是通常所说的吉布斯(Gibbs)效应。该效应导致通带内和阻带内的波动性,尤其使阻带的衰减减小,从而满足不了技术上的要求。由于这种吉布斯效应是将 $h_d(n)$ 直接截断引起的,因此也称为截断效应。另外,我们知道 $H_d(e^{j\omega})$ 是一个以 2π 为周期的函数,可以展开为傅里叶级数,即

$$H_d(e^{j\omega}) = \sum_{n=-\infty}^{\infty} h_d(n) e^{-j\omega n}$$

傅里叶级数的系数 $h_d(n)$ 当然就是 $H_d(e^{j\omega})$ 对应的单位采样响应。设计 FIR 数字滤波器就是根据要求找到有限个傅里叶级数系数,以有限项傅里叶级数去近似代替无限项傅里叶级数,这样在一些频率不连续点附近会引起较大误差。这种误差效果就是前面说的截断效应。为减少这一效应,同样用的是窗口函数法。因此,从这一角度来说,窗口函数法也称为傅里叶级数法。根据复卷积定理可知,既然式(5-101)所表示的有限长序列 $h(n)$ 是窗序列 $w(n)$ 和 $h_d(n-m)$ 的乘积,则其幅频特性 $|H(e^{j\omega})|$ 应等于窗序列 $W(e^{j\omega})$ 和 $H_d(e^{j\omega}) \cdot e^{-j\omega n}$ 的复卷积,即

$$|H(e^{j\omega})| = \frac{1}{2\pi} \left| \int_{-\pi}^{\pi} H_d(e^{j\theta}) W[e^{j(\omega-\theta)}] d\theta \right| \tag{5-103}$$

　　根据式(5-101)和式(5-103)的关系我们画出了图 5-14 所示的理想低通和矩形窗的复卷积过程。当 $\omega=0$ 时，$H(\omega)$ 等于图 5-14(a) 和图 5-14(b) 两波形乘积的积分，即等于 $W_R(\theta)$ 在 $\theta=-\omega_c\sim\omega_c$ 一段的积分面积。当 $\omega_c\gg\dfrac{2\pi}{\theta}$ 时，$H(0)$ 可近似等于 $W_R(\theta)$ 在 $\theta=-\infty\sim\infty$ 的积分面积，用此面积值进行归一化，即 $H(0)=1$。当 $\omega=\omega_c$ 时，情况如图 5-14(c) 所示，$W_R(\omega-\theta)$ 正好为 $H(0)$ 时的一半面积值，即 $H(\omega_c)=0.5$。当 $\omega=\omega_c-\dfrac{2\pi}{N}$ 时，$W_R(\omega-\theta)$ 的主瓣都在积分限内，因此，此时积分面积有最大值。可计算出，$H(\omega)=1.089\ 5$。当 $\omega=\omega_c+\dfrac{2\pi}{N}$ 时，如图 5-14(e) 所示，$W_R(\omega-\theta)$ 的主瓣刚好在积分限外，积分限内的旁瓣面积大于主瓣，最大的一个负峰完全在区间 $[-\omega_c,\omega_c]$ 中，因此 $H(\omega)$ 在该点形成最大的负峰。因此，积分值为负值，且为最小，可计算出 $H(\omega)=-0.089\ 5$。当 ω 增加和减小时，$W_R(\omega-\theta)$ 处于积分限内的主瓣或旁瓣也随着变化。造成积分面积值随之起伏变化，就形成了实际的 $H(\omega)$ 在通带和阻带内出现起伏，如图 5-14(e) 所示。通带内的起伏造成了滤波器通带平坦特性变差，阻带内的起伏造成了滤波器阻带衰减性变差，在通带和阻带之间出现了过渡带。$\omega=\omega_c-\dfrac{2\pi}{N}$ 时，情况如图 5-14(d) 所示，$W_R(\omega)$ 主瓣完全在积分区间 $\pm\omega_c$ 之间，最大的一个负峰完全在区间 $[-\omega_c,\omega_c]$ 之外，因此 $H(\omega)$ 在该点形成最大的正峰。$H(\omega)$ 最大的正峰和最大的负峰对应的频率相距 $4\pi/N$。图 5-14(f) 表示 $H_d(\omega)$ 和 $W_R(\omega)$ 卷积形成的 $H(\omega)$ 波形。

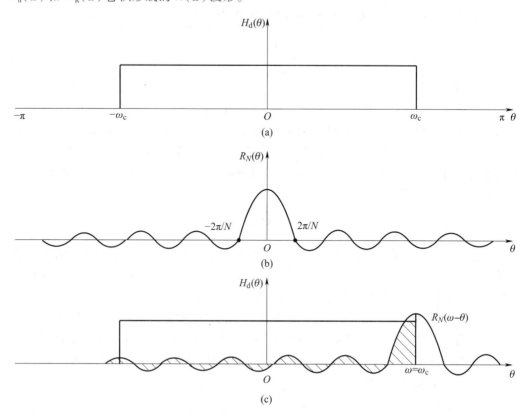

(a)

(b)

(c)

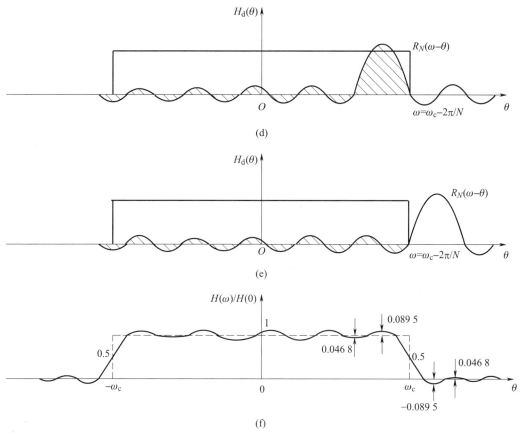

图 5-14　矩形窗对理想低通幅频特性的影响

从图 5-14 可以看出,理想低通加窗处理后的影响主要有三点:

(1)理想幅频特性的陡峭的边沿被加宽,形成一个过渡带,过渡带的宽度取决于窗函数频率响应的主瓣宽度。

(2)在过渡带两侧产生起伏的肩峰和波纹,它是由窗函数频率响应的旁瓣引起的,旁瓣相对值越大起伏就越强。

(3)增加截取长度 N,将缩小窗函数的主瓣宽度,但不能减小旁瓣相对值。旁瓣和主瓣的相对值主要取决于窗函数的形状。因此,增加截取长度 N,只能减小过渡带宽度,而不能改善数字滤波器通带内的平稳性和阻带中的衰减。

由此可知要改善所设计滤波器的性能,必须减小由于加窗造成的通带和阻带的起伏。同时也要减小过渡带宽度,实际上,这两个要求是相互矛盾的,当窗宽度一定时,无法同时达到最佳,靠增加窗的宽度只能改进过渡带指标,而无法改进通带和阻带指标。当 ω 较小时,

$$W_R(\omega) = \frac{\sin\left(\frac{\omega N}{2}\right)}{\sin\frac{\omega}{2}} \approx \frac{\sin\frac{\omega N}{2}}{\frac{\omega}{2}} = N\frac{\sin\frac{\omega N}{2}}{N\frac{\omega}{2}} = N\frac{\sin x}{x}$$

其中,$x = N\frac{\omega}{2}$。

当增加 N 时,只能改变 ω 的坐标比例和 $W_{\mathrm{R}}(\omega)$ 的绝对大小,而不能改变主瓣与旁瓣的相对比例关系。这个相对比值是由 $\dfrac{\sin x}{x}$ 决定的,与 N 无关。因此增加 N 不能改变窗函数的旁瓣相对大小,因而就不能减小所造成滤波器的通带和阻带起伏大小,例如,对矩形窗,最大起伏值为 8.95%,当 N 增加时,只能改变起伏的频率,而最大起伏值仍为 8.95%。这种加窗设计的 $H(\omega)$ 中通带和阻带起伏大小不随 N 增大而减小的现象称作"吉布斯(Gibbs)效应"。

矩形加窗形成的起伏大小为 8.95%,致使阻带衰减最小值约为 −21 dB。这在工程上往往不够。为了改善滤波器的阻带衰减指标,必须选择其他的窗函数。选择其他窗函数时,可以从下面两点着重考虑:

(1)从频谱上看,应尽量减小窗函数频谱的旁瓣值,即使它的能量尽量集中在主瓣,这样可减小滤波器通带和阻带起伏,以改善通带的平稳度和增大阻带中的衰减。

(2)窗函数谱的主瓣宽度尽量窄,以获得较陡的过渡带。

但从下面介绍的几种窗函数看,这两个要求是不能兼顾的。下面列出几种常用的窗函数及其频率特性:

1. 矩形窗

$$w(n)=1,0\leqslant n\leqslant N-1$$

$$W_{\mathrm{R}}(\mathrm{e}^{\mathrm{j}\omega})=\frac{\sin\dfrac{\omega N}{2}}{\sin\dfrac{\omega}{2}}\mathrm{e}^{-\mathrm{j}\omega\frac{N-1}{2}}=W_{\mathrm{R}}(\omega)\mathrm{e}^{-\mathrm{j}\omega\frac{N-1}{2}}$$

$$\mid W_{\mathrm{R}}(\mathrm{e}^{\mathrm{j}\omega})\mid=\frac{\sin\left(\dfrac{N}{2}\omega\right)}{\sin\left(\dfrac{\omega}{2}\right)} \tag{5-104}$$

其中 $\mid W_{\mathrm{R}}(\mathrm{e}^{\mathrm{j}\omega})\mid$ 表示幅频响应函数,主瓣宽度为 $\dfrac{4\pi}{N}$,旁瓣最大电平为 −13 dB,旁瓣下降速率每倍频程衰减 −6 dB。

2. 三角形窗(Bartlett 窗)

$$w(n)=\begin{cases}\dfrac{2n}{N-1},0\leqslant n\leqslant\dfrac{1}{2}(N-1)\\[3mm]2-\dfrac{2n}{N-1},\dfrac{1}{2}<n\leqslant N-1\end{cases} \tag{5-105}$$

$$W_{\mathrm{Br}}(\mathrm{e}^{\mathrm{j}\omega})=\frac{2}{N-1}\left[\frac{\sin\left(\dfrac{\omega N-1}{4}\right)}{\sin\left(\dfrac{\omega}{2}\right)}\right]^{2}\mathrm{e}^{-\mathrm{j}\frac{N-1}{2}\omega}$$

$$\mid W_{\mathrm{Br}}(\mathrm{e}^{\mathrm{j}\omega})\mid=\frac{2}{N}\left[\frac{\sin\left(\dfrac{N}{4}\omega\right)}{\sin\left(\dfrac{\omega}{2}\right)}\right]^{2} \tag{5-106}$$

主瓣宽度为$\dfrac{8\pi}{N}$，旁瓣最大电平为-27 dB，旁瓣下降速率每倍频程衰减-12 dB。

3. 汉宁窗（Hanning 窗）

$$w(n) = \frac{1}{2}\left[1-\cos\left(\frac{2\pi n}{N-1}\right)\right],\ 0 \leqslant n \leqslant N-1$$

$$W_{\text{Han}}(e^{j\omega}) = W(\omega)e^{-j\omega\frac{N-1}{2}}$$

$$W_{\text{Han}}(\omega) = 0.5W_{R}(\omega) + 0.25\left[W_{R}\left(\omega-\frac{2\pi}{N-1}\right) + W_{R}\left(\omega+\frac{2\pi}{N-1}\right)\right]$$

$$\left|W_{\text{Han}}(e^{j\omega})\right| = \frac{1}{2}\left|W_{R}(e^{j\omega})\right| + \frac{1}{4}\left\{\left|W_{R}\left[e^{j\left(\omega-\frac{2\pi}{N-1}\right)}\right]\right| + \left|W_{R}\left[e^{j\left(\omega+\frac{2\pi}{N-1}\right)}\right]\right|\right\}$$

$$(5-107)$$

主瓣宽度为$\dfrac{8\pi}{N}$，旁瓣最大电平为-32 dB，旁瓣下降速率每倍频程衰减-18 dB。

4. 汉明窗（Hamming 窗）

$$w(n) = 0.54 - 0.46\cos\left(\frac{2\pi n}{N-1}\right),\ 0 \leqslant n \leqslant N-1$$

$$W(e^{j\omega}) = W(\omega)e^{-j\omega\frac{N-1}{2}}$$

$$W(\omega) = 0.54W_{R}(\omega) + 0.23\left[W_{R}\left(\omega-\frac{2\pi}{N-1}\right) + W_{R}\left(\omega+\frac{2\pi}{N-1}\right)\right]$$

$$\left|W_{\text{Han}}(e^{j\omega})\right| = 0.54\left|W_{R}(e^{j\omega})\right| + 0.23\left\{\left|W_{R}\left[e^{j\left(\omega-\frac{2\pi}{N-1}\right)}\right]\right| + \left|W_{R}\left[e^{j\left(\omega+\frac{2\pi}{N-1}\right)}\right]\right|\right\}$$

$$(5-108)$$

汉明窗与汉宁窗相比，仅仅更改了 2 个系数值，但使窗函数进一步优化，在同样的主瓣宽度内，99.96% 的能量集中在主瓣内，旁瓣电平更低。

5. 布莱克曼窗

$$w(n) = 0.42 - 0.5\cos\left(\frac{2\pi n}{N-1}\right) + 0.08\cos\left(\frac{4\pi n}{N-1}\right),\ 0 \leqslant n \leqslant N-1$$

$$W_{B}(e^{j\omega}) = W(\omega)e^{-j\omega\frac{N-1}{2}}$$

$$W_{B}(\omega) = 0.42W_{R}(\omega) + 0.25\left[W_{R}\left(\omega-\frac{2\pi}{N-1}\right) + W_{R}\left(\omega+\frac{2\pi}{N-1}\right)\right]$$

$$+ 0.04\left[W_{R}\left(\omega-\frac{4\pi}{N-1}\right) + W_{R}\left(\omega+\frac{4\pi}{N-1}\right)\right]$$

$$\left|W_{B}(e^{j\omega})\right| = 0.42\left|W_{R}(e^{j\omega})\right| + 0.25\left\{\left|W_{R}\left[e^{j\left(\omega-\frac{2\pi}{N-1}\right)}\right]\right| + \left|W_{R}\left[e^{j\left(\omega+\frac{2\pi}{N-1}\right)}\right]\right|\right\}$$

$$+ 0.04\left\{\left|W_{R}\left[e^{j\left(\omega-\frac{4\pi}{N-1}\right)}\right]\right| + \left|W_{R}\left[e^{j\left(\omega+\frac{4\pi}{N-1}\right)}\right]\right|\right\} \qquad (5-109)$$

表 5-6 是这 5 种窗函数的性能表。图 5-15 给出了以上 5 种常用窗函数的波形，图 5-16 给出了 $N=51$ 时 5 种窗函数的幅度谱。可以看出，随着旁瓣的减小，主瓣宽度反而增加了。图 5-17 则是利用这 5 种窗函数对 $N=51$，截止频率 $\omega_{c}=0.5\pi$ 时设计的 FIR 数字滤波器的幅频特性。

表 5-6　5 种窗函数性能表

窗函数	主瓣过渡区宽度	旁瓣峰值幅度/dB	旁瓣下降速率/（dB/倍频程）	最小阻带衰减/dB
矩形窗	$4\pi/N = 1\times4\pi/N$	-13	-6	-21
三角形窗	$8\pi/N = 2\times4\pi/N$	-25	-12	-25
汉宁窗	$8\pi/N = 2\times4\pi/N$	-31	-18	-44
汉明窗	$8\pi/N = 2\times4\pi/N$	-41	-6	-53
布莱克曼窗	$12\pi/N = 3\times4\pi/N$	-57	-18	-74

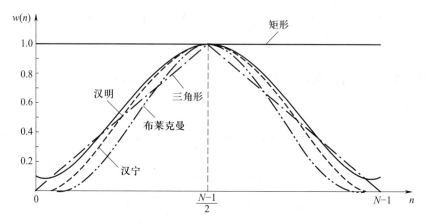

图 5-15　5 种常用窗函数的波形

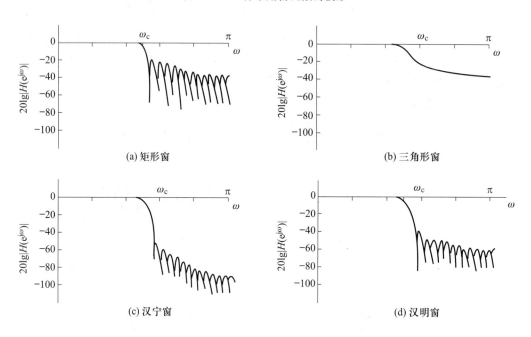

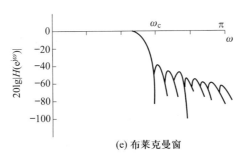

(e) 布莱克曼窗

图 5-16　　$N=51$ 时 5 种窗函数的幅度谱

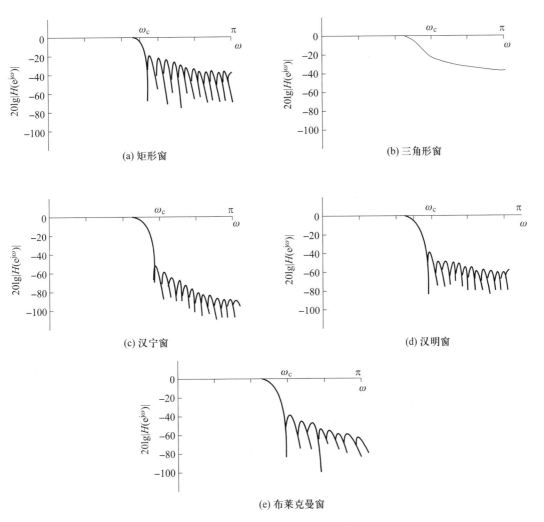

(a) 矩形窗 　　　　　　　　　　　　　　(b) 三角形窗

(c) 汉宁窗 　　　　　　　　　　　　　　(d) 汉明窗

(e) 布莱克曼窗

图 5-17　　理想低通加窗后的幅频特性 ($N=51$, $\omega_c=0.5\pi$)

6. 凯塞窗函数

$$w(n)=\frac{I_0\left\{w_a\sqrt{\left(\dfrac{N-1}{2}\right)^2-\left[n-\left(\dfrac{N-1}{2}\right)\right]^2}\right\}}{I_0\left[w_a\left(\dfrac{N-1}{2}\right)\right]} \tag{5-110}$$

式中, I_0 是第一类修正零阶贝塞尔函数; w_a 为调整参数,一般 $4<w_a<9$。

$w_a=5.44$ 时,窗函数接近汉明窗; $w_a=5.44$ 时,窗函数接近布莱克曼窗。凯塞窗的幅度函数为

$$W_k(\omega)=w_k(0)+2\sum_{n=1}^{(N-1)/2}w_k(n)\cos\omega n \tag{5-111}$$

凯塞窗窗函数调整参数 (w_a) 对数字滤波器的性能影响归纳在表 5-7 里。

表 5-7 凯塞窗调整参数 (w_a) 对数字滤波器的性能影响

w_a	过渡带宽	通带波纹/dB	阻带最小衰减/dB
2.120	$3.00\pi/N$	±0.27	−30
3.384	$4.46\pi/N$	±0.086 4	−40
4.538	$5.86\pi/N$	±0.027 4	−50
5.568	$7.24\pi/N$	±0.008 68	−60
6.764	$8.64\pi/N$	±0.002 75	−70
7.865	$10.0\pi/N$	±0.000 868	−80
8.960	$11.4\pi/N$	±0.000 275	−90
10.056	$10.8\pi/N$	±0.000 087	−100

除以上几种窗函数外,还有其他窗函数,比较有名的还有切比雪夫(Chebyshev)窗和高斯(Gauss)窗等,限于篇幅,本书不再列出。

我们将利用窗函数设计 FIR 数字滤波器的步骤归纳如下:

(1) 确定要求设计滤波器的理想频率响应 $H_d(e^{j\omega})$ 的表达式。

(2) 求 $H_d(e^{j\omega})$ 的傅里叶反变换:

$$h_d(n)=\frac{1}{2\pi}\int_{-\pi}^{\pi}H_d(e^{j\omega})e^{j\omega n}d\omega$$

(3) 根据技术要求(在通带 Ω_p 处衰减不大于 k_1,在阻带 Ω_s 处衰减不小于 k_2)确定窗函数形式 $w(n)$。并且根据采样周期 T,确定相应的数字频率 $\omega_p=\Omega_p T$、$\omega_s=\Omega_s T$。

(4) 确定滤波器长度 N。滤波器长度可以根据 $H_d(e^{j\omega})$ 的相频特性来确定,也和滤波器的过渡带有关。可简单根据过渡带带宽 $\Delta\omega=\omega_s-\omega_p$,确定加窗宽度 N:

$N\geq P\cdot4\pi/\Delta\omega$,其中系数 P 根据窗函数确定。

(5) 求所设计滤波器的单位采样响应 $h(n)$。

$$h(n)=h_d(n)\cdot\omega(n),\quad 0\leq n\leq N-1$$

(6) 考察 $H(e^{j\omega})$ 的指标。

$$H(e^{j\omega})=\sum_{n=0}^{N-1}h(n)e^{-j\omega n}$$

(7) 审核技术指标是否已经满足。如不满足,则重新选取较大的 N 进行(5)、(6)计算;如果满足有余,则选取较小的 N 进行(5)、(6)项计算。

【例 5-9】 试用窗函数法设计一线性相位 FIR 数字滤波器,并满足技术指标如下:

在 $\Omega_p=30\pi$ rad/s 处衰减不大于 -3 dB;

在 $\Omega_s=46\pi$ rad/s 处衰减不小于 -40 dB;

对模拟信号进行采样的周期 $T = 0.01\mathrm{s}$。

解 （1）求解数字指标：

$$\omega_{\mathrm{p}} = \Omega_{\mathrm{p}} T = 30\pi \times 0.01 = 0.3\pi(\mathrm{rad})，$$

$$\omega_{\mathrm{s}} = \Omega_{\mathrm{s}} T = 46\pi \times 0.01 = 0.46\pi(\mathrm{rad})$$

则

$$H_{\mathrm{d}}(\mathrm{e}^{\mathrm{j}\omega}) = \begin{cases} \mathrm{e}^{-\mathrm{j}\omega\alpha} \\ 0 \end{cases}$$

上式中 α 为常数。

（2）

$$h_{\mathrm{d}}(n) = \frac{1}{2\pi} \int_{-\pi}^{\pi} H_{\mathrm{d}}(\mathrm{e}^{\mathrm{j}\omega}) \mathrm{e}^{\mathrm{j}\omega n} \mathrm{d}\omega$$

$$= \frac{1}{2\pi} \int_{-0.3\pi}^{0.3\pi} \mathrm{e}^{-\mathrm{j}\omega\alpha} \mathrm{e}^{\mathrm{j}\omega n} \mathrm{d}\omega$$

$$= \frac{\sin[0.3\pi(n-\alpha)]}{\pi(n-\alpha)}$$

（3）根据阻带指标，查表可知，汉宁窗、汉明窗和布莱克曼窗都满足阻带 40 dB 的衰减，以汉宁窗为例。

（4）滤波器长度 N 一般由线性相位的斜率 α 决定，当 α 未给定时，N 可由过渡带确定，N 确定后，α 也就确定了，它们的关系为 $\alpha = \dfrac{N-1}{2}$。

此题过渡带宽度要求 $\Delta\omega \leqslant 0.46\pi - 0.3\pi = 0.16\pi$，汉宁窗设计的滤波器过渡带宽度为 $\dfrac{8\pi}{N}$，则

$$\frac{8\pi}{N} \leqslant 0.16\pi$$

$$N \geqslant \frac{8}{0.16} = 50$$

选 $N = 51$，则 $\alpha = \dfrac{N-1}{2} = 25$。

（5）$\omega(n)$，N 和 α 确定后，$h(n)$ 也就确定了。

$$h(n) = h_{\mathrm{d}}(n)\omega(n)$$

$$= \frac{\sin[0.3\pi(n-25)]}{\pi(n-25)} \left[0.5 - 0.5\cos\left(\frac{2\pi n}{50}\right) \right]，0 \leqslant n \leqslant 50$$

（6）求 $H(\mathrm{e}^{\mathrm{j}\omega})$。

$$H(\mathrm{e}^{\mathrm{j}\omega}) = H(\omega)\mathrm{e}^{-\mathrm{j}\frac{N-1}{2}\omega}$$

$$= H(\omega)\mathrm{e}^{-\mathrm{j}25\omega}$$

【例 5-10】 设计一个线性相位高通数字滤波器，要求阻带衰减大于 50 dB，通带截止频率为 0.6π rad。

解 （1）根据题目要求，确定 $H_{\mathrm{d}}(\mathrm{e}^{\mathrm{j}\omega})$ 为

$$H_{\mathrm{d}}(\mathrm{e}^{\mathrm{j}\omega}) = \begin{cases} \mathrm{e}^{-\mathrm{j}\omega\alpha} \\ 0 \end{cases}$$

式中 α 为常数。

（2）

$$h_{\mathrm{d}}(n) = \frac{1}{2\pi}\int_{-\pi}^{\pi} H_{\mathrm{d}}(\mathrm{e}^{\mathrm{j}\omega})\,\mathrm{e}^{\mathrm{j}\omega n}\,\mathrm{d}\omega$$

$$= \frac{1}{2\pi}\int_{-\pi}^{0.6\pi} \mathrm{e}^{-\mathrm{j}\omega\alpha}\,\mathrm{e}^{\mathrm{j}\omega n}\,\mathrm{d}\omega + \frac{1}{2\pi}\int_{0.6\pi}^{\pi} \mathrm{e}^{-\mathrm{j}\omega\alpha}\,\mathrm{e}^{\mathrm{j}\omega n}\,\mathrm{d}\omega$$

$$= \frac{2}{\pi(n-\alpha)}\cos\left[\,0.8\pi(n-\alpha)\,\right]\cdot\sin\left[\,0.2\pi(n-\alpha)\,\right]$$

（3）根据阻带要求,查表选择汉明窗和布莱克曼窗,可以满足要求,以汉明窗为例,阻带衰减超过 54 dB。

（4）此题未给出过渡带要求。因此,滤波器长度 N 由 α 确定,$N = 2\alpha+1$。

（5）求 $h(n)$。

$$h(n) = h_{\mathrm{d}}(n)\cdot\omega(n)$$

$$= \frac{2}{\pi(n-\alpha)}\cos\left[\,0.8\pi(n-\alpha)\,\right]\cdot\sin\left[\,0.2\pi(n-\alpha)\,\right]\cdot\left[\,0.54-0.46\cos\left(\frac{2\pi n}{N-1}\right)\right]$$

其中：$0 \leqslant n \leqslant N-1$

（6）求 $H(\mathrm{e}^{\mathrm{j}\omega})$。

$$H(\mathrm{e}^{\mathrm{j}\omega}) = \sum_{n=0}^{N-1} h(n)\,\mathrm{e}^{-\mathrm{j}\omega n}$$

窗函数设计法除了用来设计常见的四种选频滤波器外,还可以用来设计一些特殊的滤波器。

【例 5-11】 分别用矩形窗、汉宁窗和布莱克曼窗设计 FIR 低通滤波器,设 $N = 11$,$\omega_{\mathrm{c}} = 0.2\pi$ rad。

解 用理想低通作为逼近滤波器,按照式(5-105),有

$$h_{\mathrm{d}}(n) = \frac{\sin\left[\,\omega_{\mathrm{c}}(n-\alpha)\,\right]}{\pi(n-\alpha)},\ 0 \leqslant n \leqslant 10$$

$$a = \frac{1}{2}(N-1) = 5$$

$$h_{\mathrm{d}}(n) = \frac{\sin\left[\,0.2\pi(n-5)\,\right]}{\pi(n-5)},\ 0 \leqslant n \leqslant 10$$

用汉宁窗进行设计：

$$h(n) = h_{\mathrm{d}}(n)w_{\mathrm{Han}}(n),\ 0 \leqslant n \leqslant 10$$

$$w_{\mathrm{Han}}(n) = 0.5\left(1-\cos\frac{2\pi n}{10}\right)$$

用布莱克曼窗进行设计：

$$h(n) = h_{\mathrm{d}}(n)w_{\mathrm{B}}(n),\ 0 \leqslant n \leqslant 10$$

$$w_{\mathrm{B}}(n) = \left(0.42-0.5\cos\frac{2\pi n}{10}+0.08\cos\frac{4\pi n}{10}\right)R_{11}(n)$$

分别求出 $h(n)$ 后,再求出 $H(\mathrm{e}^{\mathrm{j}\omega})$,其幅频特性如图 5-18 所示。该例再次表明用矩形窗时过渡带最窄,而阻带衰减最小;布莱克曼窗过渡带最宽,但换来的是阻带衰减增大。窗函数设计法简单、实用、方便,但要求用计算机,且边界频率不容易控制。窗函数法设计是从时域出发的设计方法,但一般情况下技术指标是在频域给出的,所以有时候用下节

介绍的频率采样法更为有效。

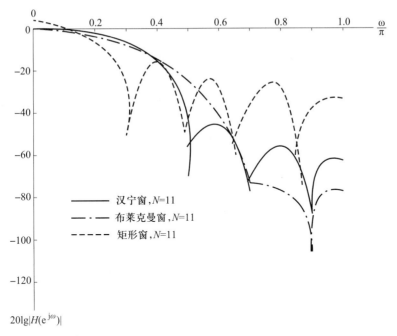

图 5-18 例 5-11 的低通幅频特性

【例 5-12】 设计一个线性相位数字差分器,逼近理想差分器的频率响应。
$$H_d(e^{j\omega}) = j\omega, \ |\omega| \leqslant \pi, \text{取 } N = 24。$$

解 根据题意,该差分器是线性相频特性,即:
$$H_d(e^{j\omega}) = \begin{cases} je^{-j\omega\alpha} \\ -je^{-j\omega\alpha} \end{cases}$$

$H_d(e^{j\omega})$ 是一个纯虚函数,且是 ω 的奇函数,由 $h_d(n)$ 表达式可求得
$$h_d(n) = \frac{1}{2\pi}\int_{-\pi}^{\pi} j\omega e^{j\omega n}\,d\omega = -\frac{1}{2\pi}\int_{-\pi}^{\pi} \omega\sin(n\omega)\,d\omega$$

令 $n\omega = x$,则
$$h_d(n) = -\frac{1}{2\pi n^2}\int_{-n\pi}^{n\pi} x\sin(x)\,dx$$

求得 $h_d(n) = \frac{1}{n}(-1)^n$。

$$\begin{aligned}
h_d(n) &= \frac{1}{2\pi}\int_{-\pi}^{\pi} H_d(e^{j\omega}) e^{j\omega n}\,d\omega \\
&= \frac{1}{2\pi}\int_{-\pi}^{0} -je^{-j\omega\alpha}e^{j\omega n}\,d\omega + \frac{1}{2\pi}\int_{0}^{\pi} je^{j\omega\alpha}e^{j\omega n}\,d\omega \\
&= \frac{1}{n-\alpha}(-1)^{n-\alpha}
\end{aligned}$$

注意,$h_d(n)$ 是关于 $n = \alpha$ 为奇对称的,因此 $h_d(a) = 0$, $\alpha = \frac{N-1}{2} = \frac{24-1}{2} = 11.5$。

本题中的滤波器不是普通的选频滤波器,因此无明显的通带和阻带之分,窗函数的

133

选择可以由对整个频带的平坦性要求来确定,本题中,分别选矩形窗和汉明窗来说明窗函数的影响。

由于根据题意 $H_{\mathrm{d}}(\mathrm{e}^{\mathrm{j}\omega})=\mathrm{j}\omega$,所以理想差分器的相频特性是

$$\varphi_{\mathrm{d}}(\omega)=\begin{cases}\dfrac{\pi}{2},0<\omega<\pi\\[2mm]-\dfrac{\pi}{2},-\pi<\omega<0\end{cases}$$

所设计的 $H_{\mathrm{d}}(\mathrm{e}^{\mathrm{j}\omega})$ 的相频特性由于有了 $\left(-\dfrac{M\omega}{2}\right)$ 的线性延迟(M 为自然数),所以其相频特性是

$$\varphi(\omega)=\begin{cases}\dfrac{\pi}{2}-\dfrac{M\omega}{2},0<\omega<\pi\\[2mm]-\dfrac{\pi}{2}-\dfrac{M\omega}{2},-\pi<\omega<0\end{cases}$$

根据定义得到差分滤波器的相频特性如图 5-19 所示,相频特性是关于 $\omega=0$ 奇对称的,显然,它们都是线性相位的。

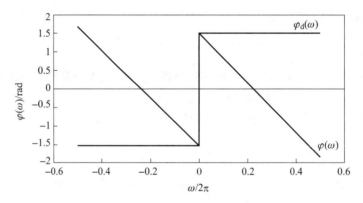

图 5-19　差分滤波器的相频特性

5.3.3　频率采样设计法

前面讨论的数字滤波器的设计方法都采用了时域逼近法,例如在设计 IIR 数字滤波器的时候,总是根据技术指标,利用现成的公式和表格,先设计一个模拟原型低通滤波器(如巴特沃斯、切比雪夫或椭圆滤波器等),然后再选用合适的变换公式来完成各种数字滤波器的设计;在设计 FIR 数字滤波器的时候,通过对理想滤波器的冲激响应加窗的方法达到给定技术指标。显然这样设计出来的滤波器不可能是最佳的,而且很难设计出满足任意频率响应指标的数字滤波器。当难以用解析方法或表达式来描述滤波器的时候,就不得不采用直接逼近的方法。在采用直接逼近技术时,需要解线性或非线性方程组。在求解这些方程组的参数时,经常需要计算机来完成大量的计算工作,这样就形成了一套数字滤波器的计算机辅助设计方法。目前已经有许多计算机辅助设计(CAD)技术逼近任意频率特性的方法,包括 IIR 数字滤波器的最小均方误差法、最小平方逆设计法、FIR 数字滤波器的频率采样法、切比雪夫等波纹逼近法等。本节和下节我们将介绍频率采样法和切比雪夫等波纹逼近法设计 FIR 数字滤波器的思路及特性。

一个 FIR 滤波器的单位采样响应 $h(n)$ 是有限长序列,N 点有限长序列可以用它的 N 点离散傅里叶变换来表示,利用前面得到的结论,可以用 $H(k)$ 来表示 $h(n)$ 和 $H(z)$ 及 $H(e^{j\omega})$。

$$h(n) = \frac{1}{N} \sum_{k=0}^{N-1} H(k) e^{j\frac{2\pi}{N}nk}, 0 \leq n \leq N-1 \qquad (5\text{-}112)$$

$$H(z) = \frac{1-z^{-N}}{N} \sum_{k=0}^{N-1} \frac{H(k)}{1-e^{j(2\pi/N)k}z^{-1}} \qquad (5\text{-}113)$$

$$H(e^{j\omega}) = H(z) \big|_{z=e^{j\omega}}$$

$$= \frac{e^{-j\omega\frac{N-1}{2}}}{N} \sum_{k=0}^{N-1} H(k) e^{j\pi k\left(1-\frac{1}{N}\right)} \frac{\sin\left[N\left(\omega - \frac{2\pi}{N}k\right)/2\right]}{\sin\left[\left(\omega - \frac{2\pi}{N}k\right)/2\right]} \qquad (5\text{-}114)$$

上面这组式子来源于离散傅里叶变换中的频域采样理论,这组式子使人联想到设计 FIR 滤波器的另一种思路,即从频域设计 FIR 滤波器,得到有限个序列,$H(k)$ 就可以确定一个有限长的 $h(n)$,也就确定出了一个 FIR 滤波器 $H(z)$ 及 $H(e^{j\omega})$。也就是说,直接从频域入手,使得 $H(k)$ 逼近理想滤波器的频率响应 $H_d(e^{j\omega})$。对 $H_d(e^{j\omega})$ 进行逼近的一种最直接的方法就是在 $H_d(e^{j\omega})$ 的一个周期内进行均匀采样得到 N 个采样值 $H(k)$,再以 $H(k)$ 构成 FIR 滤波器,这就是 FIR 滤波器频率采样设计法的基本原理。

首先对 $H_d(e^{j\omega})$ 在一个周期内进行均匀采样,记为 $H(k)$。

$$H(k) = H_d(e^{j\omega}) \big|_{\omega = \frac{2\pi}{N}k}$$

$$= H_d(e^{j\frac{2\pi}{N}k}), 0 \leq n \leq N-1 \qquad (5\text{-}115)$$

当 $H(k)$ 确定后,就可以确定 $h(n)$ 和 $H(z)$ 及 $H(e^{j\omega})$。这样就可以得到一个逼近理想滤波器 $H_d(z)$ 或 $H_d(e^{j\omega})$ 的 FIR 滤波器 $H(z)$ 或 $H(e^{j\omega})$,至少在频率采样点上,它们具有相同的频率响应,即:

$$H(e^{j\frac{2\pi}{N}k}) = H_d(e^{j\frac{2\pi}{N}k}) \qquad (5\text{-}116)$$

在采样点之间的频率响应它们是不相同的,$H(e^{j\omega})$ 是由这些采样点内插得到的。

频率采样设计法的原理是比较简单的,但在确定滤波器的线性相位时,要注意采样时 $H(k)$ 的幅度和相位一定要遵循线性相位的约束条件。

$H(e^{j\omega})$ 可写成:

$$H(e^{j\omega}) = e^{-j\frac{N-1}{2}\omega} H(\omega) \qquad (5\text{-}117)$$

其中,

$$H(\omega) = \sum_{k=0}^{N-1} H_d(k) e^{j(N-1)\frac{k\pi}{N}} \frac{\left[\sin\dfrac{N\left(\omega-\dfrac{2\pi}{N}k\right)}{2}\right]}{N\left[\sin\dfrac{\left(\omega-\dfrac{2\pi}{N}k\right)}{2}\right]}$$

$H_d(k)$ 为对 $H_d(e^{j\omega})$ 的采样。

要保证 $H(\mathrm{e}^{\mathrm{j}\omega})$ 为线性相位，$H(\omega)$ 必须为实数，即

$$H_{\mathrm{d}}(k) = \mathrm{e}^{\mathrm{j}(N-1)\frac{k\pi}{N}} = 实数 \tag{5-118}$$

考虑 $|H_{\mathrm{d}}(k)| = 1$，式(5-118)也可以写为

$$H_{\mathrm{d}}(k) = \mathrm{e}^{-\mathrm{j}(N-1)\frac{k\pi}{N}} \quad （通带内） \tag{5-119}$$

根据 DFT 性质，要保证 $h(n)$ 为实数，$H_{\mathrm{d}}(k)$ 必须为共轭偶对称，即

$$H_{\mathrm{d}}^{*}(k) = H_{\mathrm{d}}(-k) = H_{\mathrm{d}}(N-k) \tag{5-120}$$

或

$$H_{\mathrm{d}}(k) = H_{\mathrm{d}}^{*}(N-k) \tag{5-121}$$

则有：

$$\begin{aligned}
H_{\mathrm{d}}(N-k) &= \mathrm{e}^{-\mathrm{j}(N-1)(N-k)\frac{\pi}{N}} \\
&= \mathrm{e}^{-\mathrm{j}(N-1)\pi}\mathrm{e}^{\mathrm{j}(N-1)\frac{k\pi}{N}} \\
&= \mathrm{e}^{-\mathrm{j}(N-1)\pi}H_{\mathrm{d}}^{*}(k)
\end{aligned} \tag{5-122}$$

当 N 为偶数时，$\mathrm{e}^{-\mathrm{j}(N-1)\pi} = -1$，此时，$H_{\mathrm{d}}(N-k) = -H_{\mathrm{d}}^{*}(k)$ $\tag{5-123}$

当 N 为奇数时，$\mathrm{e}^{-\mathrm{j}(N-1)\pi} = 1$，此时，$H_{\mathrm{d}}(N-k) = H_{\mathrm{d}}^{*}(k)$ $\tag{5-124}$

当 N 为偶数时，若按式(5-118)求出 $H_{\mathrm{d}}(k)$ 值，$H_{\mathrm{d}}(k)$ 不满足共轭偶对称关系，得到的 $h(n)$ 不是一个实数，因此，式(5-121)和式(5-122)可修改为下式：

N 为偶数时，

$$H_{\mathrm{d}}(k) = \begin{cases} \mathrm{e}^{-\mathrm{j}(N-1)\frac{k\pi}{N}} \\ 0 \\ -\mathrm{e}^{-\mathrm{j}(N-1)\frac{k\pi}{N}} \end{cases} \tag{5-125}$$

或

$$H_{\mathrm{d}}(k) = \begin{cases} H_{\mathrm{d}}(k) = \mathrm{e}^{-\mathrm{j}\frac{k\pi}{N}} \\ H_{\mathrm{d}}(N-k) = H_{\mathrm{d}}^{*}(k) \\ H_{\mathrm{d}}(k) = 0 \end{cases} \tag{5-126}$$

N 为奇数时，

$$H_{\mathrm{d}}(k) = \mathrm{e}^{-\mathrm{j}(N-1)\frac{k\pi}{N}}, k = 0, 1, 2, \cdots, N-1 \tag{5-127}$$

或

$$\begin{cases} H_{\mathrm{d}}(k) = \mathrm{e}^{-\mathrm{j}(N-1)\frac{k\pi}{N}} \\ H_{\mathrm{d}}(N-k) = H_{\mathrm{d}}^{*}(k) \end{cases} \tag{5-128}$$

当 N 为偶数，由于 $H_{\mathrm{d}}\left(\dfrac{N}{2}\right) = 0$，因此，不适合设计高通和带阻滤波器。

下面归纳出 FIR 滤波器的频率采样设计法的步骤：

（1）根据所要求的滤波器类型，根据 N 的奇偶性，指定 $H_{\mathrm{d}}(k)$，在阻带内，$H_{\mathrm{d}}(k) = 0$。

（2）根据 $H_{\mathrm{d}}(k)$ 构成滤波器的 $H(z)$ 和 $H(\mathrm{e}^{\mathrm{j}\omega})$，并考察 $H(\mathrm{e}^{\mathrm{j}\omega})$ 的指标是否满足要求。

5.3.4　切比雪夫逼近设计法

切比雪夫逼近法是一种等波纹逼近法，它使误差在整个频带均匀分布，对相同的技术指标，切比雪夫滤波器所需要的阶数低，而对相同的滤波器阶数，切比雪夫逼近法的最

大误差最小。

切比雪夫最佳一致逼近的基本思想是,对于给定区间 $[a,b]$ 上的连续函数 $f(x)$,在所有 M 次多项式的集合 P_M 中,寻找一多项式 $\dot p(x)$,使它在 $[a,b]$ 上对 $f(x)$ 的偏差和其他一切属于 P_M 的多项式 $p(x)$ 对 $f(x)$ 的偏差相比最小,即

$$\max_{a \le x \le b} |\dot p(x) - f(x)| = \min \left\{ \max_{a \le x \le b} |p(x) - f(x)| \right\}$$

切比雪夫逼近理论指出,这样的多项式是存在的且是唯一的,并指出了构造这种最佳一致逼近多项式的方法,就是有名的"交错点组定理":

设 $f(x)$ 是定义在区间 $[a,b]$ 上的连续函数,$p(x)$ 为 P_M 中一个阶次不超过 M 的多项式,并令

$$E_M = \max_{a \le x \le b} |p(x) - f(x)|$$

和

$$E(x) = p(x) - f(x)$$

$p(x)$ 是 $f(x)$ 最佳一致逼近多项式的充要条件是:$p(x)$ 在 $[a,b]$ 上至少存在 $M+2$ 个交错点

$$a \le x_1 \le x_2 \le \cdots \le x_{M+2} \le b$$

使得

$$E(x_i) = \pm E_M, i = 1, 2, \cdots, M+2$$

及

$$E(x_i) = -E(x_{i+1}), i = 1, 2, \cdots, M+2$$

这 $M+2$ 个点即是"交错点组",显然 $x_1, x_2, \cdots, x_{M+2}$ 是 $E(x)$ 的极值点。

下面我们讨论如何利用最佳一致逼近准则设计线性相位 FIR 数字滤波器。

设希望设计的滤波器是线性相位低通滤波器,其幅频特性为

$$H_d(\omega) = \begin{cases} 1, 0 \le \omega \le \omega_p \\ 0, \omega_s \le \omega \le \pi \end{cases} \tag{5-129}$$

其中 ω_p 为通带截止频率,ω_s 为阻带截止频率,如图 5-20 所示,δ_1 为通带波纹峰值,δ_2 为阻带波纹峰值。设单位采样响应长度为 N。根据交错点组定理可知,$H_g(\omega)$ 对 $H_d(\omega)$ 唯一最佳一致逼近的充要条件是误差函数 $E(\omega)$ 在频带 F 内有 $M+2$ 个交错点频率:ω_0,$\omega_1, \cdots, \omega_{M+1}$,从而使得

$$|E(\omega_i)| = |-E(\omega_{i+1})| = E_n$$
$$E_n = \max_{\omega \in F} |E(\omega)|$$

且

$$\omega_0 < \omega_1 < \cdots \omega_{M+1}$$

假设设计的是 $h(n) = h(n-N-1)$,N 为奇数的情况,且

$$H(e^{j\omega}) = e^{-j\frac{N-1}{2}\omega} H_g(\omega) \tag{5-130}$$

$$H_g(\omega) = \sum_{n=0}^{\frac{1}{2}(N-1)} a(n)\cos n\omega \tag{5-131}$$

$$E(\omega) = W(\omega)\left[H_d(\omega) - \sum_{n=0}^{M} a(n)\cos n\omega \right] \tag{5-132}$$

由此可写出:

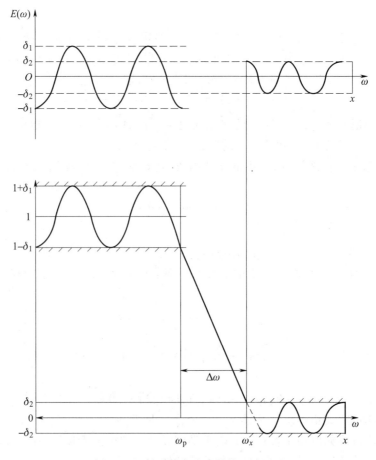

图 5-20　低通数字滤波器的一致逼近

$$W(\omega_k)\left[H_d(\omega_k)-\sum_{n=0}^{M}a(n)\cos n\omega_k\right]=(-1)^k\rho \left.\vphantom{\sum_{n=0}^M}\right\}$$
$$\rho=\max_{\omega\in F}|E(\omega)|,k=0,1,2,\cdots,M+1 \qquad (5\text{-}133)$$

其中 $W(\omega)$ 是为通带或阻带要求不同的逼近精度而设计的误差加权函数,将式(5-126)写成矩阵形式:

$$\begin{bmatrix} 1 & \cos\omega_0 & \cos2\omega_0 & \cdots & \cos M\omega_0 & \dfrac{1}{W(\omega_0)} \\ 1 & \cos\omega_1 & \cos2\omega_1 & \cdots & \cos M\omega_1 & \dfrac{-1}{W(\omega_1)} \\ 1 & \cos\omega_2 & \cos2\omega_2 & \cdots & \cos M\omega_2 & \dfrac{1}{W(\omega_2)} \\ \vdots & \vdots & \vdots & & \vdots & \vdots \\ 1 & \cos\omega_M & \cos2\omega_M & \cdots & \cos M\omega_{M+1} & \dfrac{(-1)^{M+1}}{W(\omega_{M+1})} \end{bmatrix} \begin{bmatrix} a(0) \\ a(1) \\ a(2) \\ \vdots \\ a_M \\ \rho \end{bmatrix} = \begin{bmatrix} H_d(\omega_0) \\ H_d(\omega_1) \\ H_d(\omega_2) \\ \vdots \\ H_d(\omega_M) \\ H_d(\omega_{M+1}) \end{bmatrix} \qquad (5\text{-}134)$$

解上式,可以唯一求出 $a(n),n=0,1,2,\cdots,M$,以及加权误差最大绝对值 ρ。由 $a(n)$ 可以

求出滤波器的 $h(n)$。但实际上这些 $\omega_0, \omega_1, \cdots, \omega_{M+1}$ 是未知的,且求解式(5-127)比较困难。常用的解决办法是数值分析中的雷米兹(remez)算法,它依靠一次次迭代求得一组交错点组频率,而且每一次迭代过程都避免了直接求解式(5-133)。下面是这种算法的步骤。图5-21是这种算法的流程图。

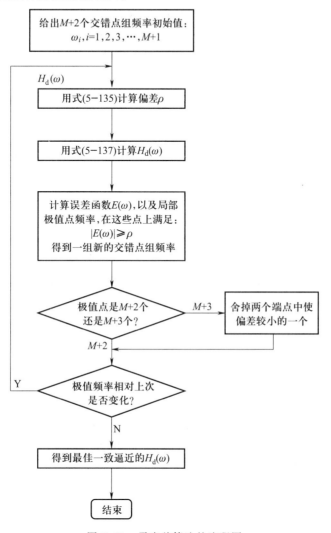

图 5-21   雷米兹算法的流程图

第一步:首先在频域内等间隔地选取 $M+2$ 个频率 $\omega_0, \omega_1, \cdots, \omega_{M+1}$ 作为交错点组的初始猜测值,然后按照下式计算 ρ

$$\rho = \frac{\displaystyle\sum_{k=0}^{M+1} a_k H_d(\omega_k)}{\displaystyle\sum_{k=0}^{M+1} (-1)^k a_k / W(\omega_k)} \qquad (5-135)$$

式中

$$a_k = (-1)^k \prod_{i=0, i \neq k}^{M+1} \frac{1}{\cos\omega_i - \cos\omega_k} \qquad (5-136)$$

把 $\omega_0,\omega_1,\cdots,\omega_{M+1}$ 代入式（5-136），可以求出 ρ，它是相对第一次指定的交错点组所产生的偏差，实际上就是 δ_2。这时的 ρ 当然不是最佳偏差，现在我们利用重心形式的拉格朗日插值公式，在不求出 $a(0),a(1),\cdots,a(M)$ 的情况下，得到一个 $H_g(\omega)$，即

$$H_g(\omega)=\frac{\sum\limits_{k=0}^{M}\left[\dfrac{\beta_k}{\cos\omega-\cos\omega_k}\right]C_k}{\sum\limits_{k=0}^{M}\dfrac{\beta_k}{\cos\omega-\cos\omega_k}} \qquad (5-137)$$

式中

$$C_k=H_d(\omega_k)-(-1)^k\frac{\rho}{W(\omega_k)}\quad k=0,1,\cdots,M \qquad (5-138)$$

$$\beta_k=(-1)^k\prod_{i=0,i\neq k}^{M+1}\frac{1}{\cos\omega_i-\cos\omega_k} \qquad (5-139)$$

把 $H_g(\omega)$ 代入式（5-132），求出误差函数 $E(\omega)$。如果对所有 $\omega_0,\omega_1,\cdots,\omega_{M+1}$ 都有 $|E(\omega)|\leqslant|\rho|$，那么说明 ρ 是波纹的极值，$\omega_0,\omega_1,\cdots,\omega_{M+1}$ 是交错点组。但第一次估计一般不会恰好如此，总有 $|E(\omega)|>|\rho|$，所以需要交换上次交错点组中的一些点，得到一组新的交错点组。

第二步：对上次确定的 $\omega_0,\omega_1,\cdots,\omega_{M+1}$ 的每一点进行检查，看其附近是否存在某一频率 $|E(\omega)|>|\rho|$，如有，在该点附近找出局部极值点，并且用该点代替原来的点。待 $M+2$ 个点都检查过以后，便得到新的交错点组 $\omega_0,\omega_1,\cdots,\omega_{M+1}$，再利用式（5-135）~式（5-139）求出 ρ、$H_g(\omega)$ 和 $E(\omega)$，于是完成一次迭代，同时完成一次交错点组的交换。

第三步：利用和第二步相同的方法，把所有 $|E(\omega)|>|\rho|$ 的点作为新的局部极值点，得到一组新的交错点组。

重复上述步骤。因为新的交错点组的选择都是作为每一次求出的 $E(\omega)$ 的局部极值点，因此，在迭代中，每次的 $|\rho|$ 都是递增的。ρ 最后收敛到自己的上限，此时，$H_g(\omega)$ 最佳一致逼近 $H_d(\omega)$。然后再按式（5-137）求出 $H_g(\omega)$，再由 $H_g(\omega)$ 求出 $h(n)$。这里要说明的是在雷米兹算法中，已知条件是 N、ω_p 和 ω_s，而 δ_1 和 δ_2 是可变的，在迭代过程中可最佳确定。另外，指定 ω_p 和 ω_s 作为极值频率，最多会出现 $M+3$ 个极值频率，因为采用交错点组准则，只需要 $M+2$ 个，这里我们去掉频率在 $0\sim\pi$ 之间呈现较小误差的频率点，仍选 $M+2$ 个交错点组频率。

前面我们讨论过当 N 分别为奇数和偶数以及 $h(n)$ 分别为奇对称和偶对称时，线性相位 FIR 数字滤波器的四种不同形式。上面关于最佳一致逼近的讨论是基于 N 为奇数且 $h(n)$ 是偶对称的，这时 $H_g(\omega)$ 为余弦函数的组合，见式（5-131）。为了对其他三种情况也能使用上述公式设计最佳滤波器，需要对它们的表达式做些改动，使得有和式（5-131）相同的表达形式。它们的幅频特性 $H_g(\omega)$ 分别如下：

（1）N 为奇数，$h(n)$ 为偶对称时，

$$H_g(\omega)=\sum_{n=0}^{\frac{1}{2}(N-1)}a(n)\cos n\omega \qquad (5-140)$$

（2）N 为偶数，$h(n)$ 为偶对称时，

$$H_g(\omega)=\sum_{n=1}^{\frac{1}{2}N}b(n)\cos\left[\left(n-\frac{1}{2}\right)\omega\right] \qquad (5-141)$$

（3）N 为奇数，$h(n)$ 为奇对称时，

$$H_g(\omega) = \sum_{n=0}^{\frac{1}{2}(N-1)} c(n)\sin n\omega \qquad (5\text{-}142)$$

（4）N 为偶数，$h(n)$ 为奇对称时，

$$H_g(\omega) = \sum_{n=1}^{\frac{1}{2}N} d(n)\sin\left[\left(n-\frac{1}{2}\right)\omega\right] \qquad (5\text{-}143)$$

对这四种形式分别做一些推导：

由式（5-140）可得

$$H_g(\omega) = \sum_{n=0}^{M} a(n)\cos(n\omega), M=\frac{N-1}{2} \qquad (5\text{-}144)$$

由式（5-141）可得

$$H_g(\omega) = \cos\left(\frac{\omega}{2}\right)\sum_{n=1}^{M} \widetilde{b}(n)\cos(n\omega), M=\frac{N}{2} \qquad (5\text{-}145)$$

由式（5-142）可得

$$H_g(\omega) = \sin(\omega)\sum_{n=0}^{M} \widetilde{c}(n)\cos(n\omega), M=\frac{N-1}{2} \qquad (5\text{-}146)$$

由式（5-143）可得

$$H_g(\omega) = \sin\left(\frac{\omega}{2}\right)\sum_{n=1}^{M} \widetilde{d}(n)\cos(n\omega), M=\frac{N}{2} \qquad (5\text{-}147)$$

这样经过推导可以把 $H_g(\omega)$ 统一表示为

$$H_g(\omega) = Q(\omega)P(\omega) \qquad (5\text{-}148)$$

其中 $P(\omega)$ 是系数不同的余弦函数的组合式，$Q(\omega)$ 是不同的常数，我们将上述情况总结在表 5-8 里。

表 5-8　线性相位 FIR 数字滤波器四种情况表

表达式		$H_g(\omega)$	$P(\omega)$	$Q(\omega)$	M
偶对称 $h(n)=h(N-n-1)$	N 为奇数	$\sum\limits_{n=0}^{M} a(n)\cos n\omega$	$\sum\limits_{n=0}^{M} a(n)\cos n\omega$	1	$\dfrac{N-1}{2}$
	N 为偶数	$\sum\limits_{n=1}^{M} b(n)\cos\left[\left(n-\frac{1}{2}\right)\omega\right]$	$\sum\limits_{n=1}^{M} \widetilde{b}(n)\cos n\omega$	$\cos(\omega/2)$	$\dfrac{N}{2}$
奇对称 $h(n)=-h(N-n-1)$	N 为奇数	$\sum\limits_{n=0}^{M} a(n)\cos n\omega$	$\sum\limits_{n=0}^{M} \widetilde{c}(n)\cos n\omega$	$\sin\omega$	$\dfrac{N-1}{2}$
	N 为偶数	$\sum\limits_{n=1}^{M} d(n)\sin\left[\left(n-\frac{1}{2}\right)\omega\right]$	$\sum\limits_{n=1}^{M} \widetilde{d}(n)\cos n\omega$	$\sin(\omega/2)$	$\dfrac{N}{2}$

表中 $b(n)$、$c(n)$ 及 $d(n)$ 与原系数 $\widetilde{b}(n)$、$\widetilde{c}(n)$ 及 $\widetilde{d}(n)$ 之间的关系为

$$\begin{cases} b(1) = \tilde{b}(0) + \dfrac{1}{2}\tilde{b}(1) \\[2mm] b(n) = \dfrac{1}{2}\left[\tilde{b}(n-1) + \tilde{b}(n)\right] \\[2mm] b(M) = \dfrac{1}{2}\tilde{b}(M-1) \\[2mm] n = 2,3,\cdots,M-1 \end{cases} \tag{5-149}$$

$$\begin{cases} c(1) = \tilde{c}(0) - \dfrac{1}{2}\tilde{c}(1) \\[2mm] c(n) = \dfrac{1}{2}\left[\tilde{c}(n-1) - \tilde{c}(n)\right] \\[2mm] c(M-1) = \dfrac{1}{2}\tilde{c}(M-2) \\[2mm] c(M) = \dfrac{1}{2}\tilde{c}(M-1) \\[2mm] n = 2,3,\cdots,M-2 \end{cases} \tag{5-150}$$

$$\begin{cases} d(1) = \tilde{d}(0) - \dfrac{1}{2}\tilde{d}(1) \\[2mm] d(n) = \dfrac{1}{2}\left[\tilde{d}(n-1) - \tilde{d}(n)\right] \\[2mm] d(M) = \dfrac{1}{2}\tilde{d}(M-1) \\[2mm] n = 2,3,\cdots,M-1 \end{cases} \tag{5-151}$$

我们将切比雪夫最佳一致逼近法设计 FIR 数字滤波器的步骤归纳如下:

(1) 输入滤波器技术要求: $N, H_d(\omega), W(\omega)$;

(2) 按照要求的滤波器类型求出 $\hat{H}_d(\omega), \hat{W}(\omega), P(\omega)$;

(3) 给出 $M+2$ 个交错点组频率初始值 $\omega_0, \omega_1, \cdots, \omega_{M+1}$;

(4) 调用雷米兹算法程序求解最佳极值频率和 $P(\omega)$ 系数;

(5) 计算单位采样响应 $h(n)$;

(6) 输出最佳误差和 $h(n)$。

5.4　IIR 数字滤波器与 FIR 数字滤波器比较

前面我们讨论了 IIR 数字滤波器和 FIR 数字滤波器的设计方法,下面我们对这两种数字滤波器的特点进行一下总结:

IIR 数字滤波器的主要优点是:

(1) 可以利用一些现成的公式和系数表设计各类选频滤波器。通常只要将技术指标代入设计方程组就可以设计出原型滤波器,然后再利用相应的变换公式求得所需要的滤波器系统函数的系数。因此设计方法简单。

(2) 在满足一定技术要求和幅频响应的情况下,IIR 数字滤波器设计成为具有递归运算的环节。所以它的阶次一般比 FIR 数字滤波器低、所用的存储单元少,滤波器体积也小。

IIR 数字滤波器的主要缺点是:

(1)只能设计出有限频段的低通、高通、带通和带阻等选频滤波器。除幅频特性可以满足技术要求外,它们的相频特性往往是非线性的,这会使信号产生失真。

(2)由于 IIR 数字滤波器采用了递归型结构,系统存在极点,因此设计系统函数时,必须把所有的极点放在单位圆内,否则系统不稳定。而且有限字长效应所带来的运算误差,可能会使得系统产生寄生振荡。

FIR 数字滤波器的主要优点是:

(1)可以设计出具有线性相位的 FIR 数字滤波器,从而保证信号在传输过程中不会产生失真。

(2)由于 FIR 数字滤波器没有递归运算,因此不论在理论还是实际应用中,都不会因为有限字长效应所带来的运算误差使得系统不稳定。

(3)FIR 数字滤波器可以采用快速傅里叶变换实现快速卷积运算,在相同阶数的条件下运算速度快。

FIR 数字滤波器的主要缺点:

(1)虽然可以采用加窗方法或频率采样等简单方法设计 FIR 数字滤波器,但往往在过渡带上和阻带衰减上难以满足要求,因此不得不多次迭代或者采用计算机辅助设计,从而使得设计过程变得复杂。

(2)在相同频率特性情况下,FIR 数字滤波器阶次比较高,因而所需要的存储单元多,从而提高了硬件设计成本。

从上面的简单比较我们可以看出 IIR 数字滤波器和 FIR 数字滤波器各有所长,所以在实际应用的时候应该从多方面考虑加以选择。例如,在对于相位要求不敏感的场合,如一些检测信号、语音通信等,可以选用 IIR 数字滤波器,这样可以充分发挥其经济高效的特点,而对于图像处理、数据传输等以波形携带信息的系统,则对线性相位要求高,这时应该采用 FIR 数字滤波器。当然,实际应用的时候还有很多问题需要考虑,如经济效益,计算机处理工具等。

本 章 要 点

本章是本书的重点,因为数字滤波器是数字信号处理相关工程中最为广泛的应用,在许多情况下,模拟滤波器难以实现,而通过数字滤波器可以实现较复杂的信号处理方案。本章首先给出了滤波器的概念、滤波器的分类及模拟滤波器的设计,接着讨论了无限冲激响应和有限冲激响应数字滤波器的各种设计方法,重点放在以频域技术指标为依据的滤波器设计。对于无限冲激响应,介绍了冲激响应不变法、双线性映射法、IIR 滤波器的频率变换设计法、IIR 数字滤波器的直接设计法;对于有限冲激响应,介绍了窗函数设计法、频率采样设计法、切比雪夫逼近设计法。本章所用的频率变换方法易于理解、便于编程。本章还将 IIR 数字滤波器与 FIR 数字滤波器进行了比较,以便读者根据实际情况灵活运用。

5.1　试述数字滤波器的几个主要分类及其特点。

5.2　画出理想带通数字滤波器的频谱图,并且指出数字滤波器与模拟滤波器频谱的定义区间。

5.3　设计一个数字低通滤波器,在频率 $\omega \leqslant 0.26\pi$ rad 的范围内,低通幅度波纹不超过 0.75 dB,在频率 0.4π rad $\leqslant \omega \leqslant \pi$ rad 之间,阻带衰减至少为 20 dB。试求出满足上述指标的最低阶巴特沃斯滤波器系统函数 $H(z)$,并画出它的级联形式结构。

5.4　试证明一个 N 阶 FIR 滤波器的冲激响应 $h(n)$ 满足下列条件之一者亦为线性相位滤波器。

（1）N 为偶数,$h(n) = -h(N-1-n)$;

（2）N 为奇数,$h(n) = \left(h(N-1-n), h\left(\dfrac{N-1}{2}\right) \right) = 0$。

5.5　假设一个数字系统的输出序列 $y(n)$ 和输入序列 $x(n)$ 之间满足下列关系,试求该系统的频率响应并画出幅频特性曲线:

（1）$y(n) = [x(n) + x(n+1) + x(n+2) + x(x+3)]/4$;

（2）$y(n) = \dfrac{1}{8} \sum\limits_{k=0}^{7} x(n+k)$;

（3）$y(n) = x(n) - 2x(n+1) + x(n+2)$;

（4）$y(n) = \dfrac{n-1}{n} y(n-1) + \dfrac{1}{n} x(n)$。

5.6　给定一个理想低通 FIR 滤波器的频率特性:

$$H_d(e^{j\omega}) = \begin{cases} 1, & |\omega| \leqslant \dfrac{\pi}{4} \\ 0, & \dfrac{\pi}{4} < |\omega| < \pi \end{cases}$$

现希望用窗函数设计该滤波器,要求具有线性相位。滤波器系数的长度为 29 点,即 $M/2 = 14$。

（1）利用矩形窗;

（2）利用汉明窗。

5.7　设计一个切比雪夫低通滤波器,要求通带截止频率 $f_p = 3$ kHz,通带最大衰减 $a_p = 0.2$ dB,阻带截止频率 $f_s = 12$ kHz,阻带最小衰减 $a_s = 50$ dB。求归一化系统函数 $H_a(p)$ 和实际的 $H_a(s)$。

5.8　已知模拟滤波器的系统函数为

（1）$H_a(s) = \dfrac{1}{s^2 + s + 1}$;

（2）$H_a(s) = \dfrac{1}{2s^2 + 3s + 1}$。

试采用冲激响应不变法和双线性变换法分别将其转换为数字滤波器,设 $T = 2$。

5.9　设计低通数字滤波器,要求通带内频率低于 0.2π rad 时,允许幅度误差在 1 dB

之内,频率在 0.3π rad 到 π rad 之间的阻带衰减大于 10 dB,试采用巴特沃斯模拟滤波器进行设计,用冲激响应不变法进行转换,采用 $T = 1$ ms。

5.10 要求同题 5.9,试采用双线性变换法设计数字低通滤波器。

5.11 设计一个数字高通滤波器,要求带通截止频率 $\omega_p = 0.8\pi$ rad,通带衰减不大于 3 dB,阻带截止频率 $\omega_s = 0.5\pi$ rad,阻带衰减不小于 18 dB,希望采用巴特沃斯滤波器。

5.12 通过查表确定 4 阶切比雪夫低通滤波器,要求截止频率为 2 kHz,通带波纹为 3 dB。

5.13 试写出设计一个数字高通 IIR 滤波器的主要步骤及其主要公式。(以巴特沃斯滤波器为例,且已知通带边频为 Ω_p,通带为 A_p,阻带边频为 Ω_r,阻带最大损耗为 A_r)

5.14 试推导截止频率 $\omega_c = \dfrac{\pi}{4}$ 的理想低通滤波器的单位冲激响应 $h(n)$ 的表示式,并写出 $n = -8, -7, \cdots, 0, \cdots, 7, 8$ 共 17 点 $h(n)$ 值。

5.15 设一个 FIR 滤波器的系统函数 $H(z)$ 为
$$H(z) = 1 - 2\rho\cos(\theta)z^{-1} + \rho^2 z^{-2}$$

其中,ρ, θ 均为已知数,$0 < \rho \leq 1, 0 \leq \theta \leq \pi$

(1)分析参数 ρ, θ 变化对滤波器滤波特性产生的影响;

(2)设有一窄带干扰,主频率分量等于 π/3 弧度,要滤去这一干扰,滤波器的频率特性该如何设计?

5.16 设 $h(n)$ 是一个 N 点序列 $(0 \leq n \leq N-1)$,表示一个因果的 FIR 滤波器,如果要求该滤波器的相频特性为:$\Phi(\omega) = -m\omega, m$ 为常数。证明 $h(n)$ 需要的充分必要条件,并确定 N 和 m 的关系。

5.17 已知某数字滤波器的系统函数为
$$H(z) = z/(z+0.9)$$

(1)画出零极点结构图及频谱特性曲线;

(2)计算冲激响应 $h(n)$;

(3)给出该滤波器软件实现的计算机流图。

5.18 试用矩形窗口法设计一个线性相位 FIR 低通数字滤波器,其频率特性为
$$H(e^{j\Omega}) = \begin{cases} e^{-j3\Omega}, & |\Omega| < \dfrac{\pi}{2} \\ 0, & \text{其他} \end{cases}$$

试计算:

(1)系统的系统函数;

(2)系统的冲激响应 $h(k)$;

(3)画出 $H(z)$ 的直接型结构框图。

5.19 设一理想低通滤波器冲激响应为
$$h(t) = \begin{cases} \dfrac{\sin\omega_c t}{\pi t} \end{cases}$$

求出信号 $x(t)$ 通过上述滤波器后的响应 $y(t)$,$x(t) = \dfrac{\sin\omega_i t}{\pi t}$。

5.20 一时域离散线性系统,其有限冲激响应低通滤波器的频率响应为

$$H_1(\mathrm{e}^{\mathrm{j}\omega}) = \begin{cases} \mathrm{e}^{-\mathrm{j}5\omega}, & |\omega| \leqslant \dfrac{\pi}{4} \\[3mm] 0, & \dfrac{\pi}{4} < |\omega| \leqslant \pi \end{cases}$$

试求该系统的单位采样响应 $h(n)$ 的数学表达式和 $0 \leqslant n \leqslant 10$ 时 $h_1(n)$ 的数值。

第六章　数字信号处理实验

6.1　实验一　MATLAB 编程基础实验

一、实验说明

1. 实验类型：验证性实验。

2. 实验课时：3 学时。

二、实验目的

1. 熟悉 MATLAB 软件的基本编程方法。

2. 掌握常用基本运算方法。

3. 掌握简单的绘图命令。

4. 会用 MATLAB 编程并创建 M 文件、函数。

5. 熟悉常见连续信号和离散信号的生成方法。

三、实验原理

1. MATLAB 软件介绍

1-14
MATLAB
软件介绍

MATLAB 是一套高性能的数值计算和可视化软件，它集数值分析、矩阵运算、信号处理、系统仿真和图形显示于一体，从而被广泛地应用于科学计算、控制系统、信息处理等领域的分析、仿真和设计工作。MATLAB 启动界面如图 6-1 所示。

MATLAB 2016 的工作界面主要由菜单栏、工具栏、状态栏、命令行窗口（Command Window）、工作区或工作空间窗口（Workspace）、当前文件夹或当前目录窗口（Current Directory）等组成，从而为用户使用 MATLAB 提供了集成的交互式图形界面，如图 6-2 所示。

MATLAB 的命令窗口是接收用户输入命令及输出数据显示的窗口，几乎所有的 MATLAB 行为都是在命令窗口进行的。当启动 MATLAB 软件时，命令窗口就做好了接收指令和输入的准备，并出现命令提示符（>>）。

2. MATLAB 中常用基本运算

（1）算术运算

MATLAB 可以像一个简单的计算器一样使用，不论是实数运算还是复数运算都能轻松完成。标量的加法、减法、除法和幂运算均可通过常规符号"+""-"" * ""/"以及"^"

来完成。对于复数中的虚数单位,MATLAB 采用预定义变量 i 或 j 表示,即 $\sqrt{-1}$。因此,一个复常量可用直角坐标形式来表示,例如:

图 6-1　MATLAB 启动界面

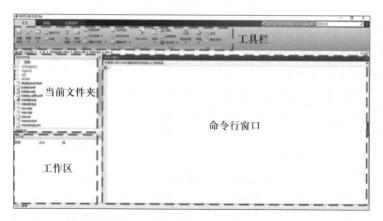

图 6-2　MATLAB 的工作界面

```
A = -3-i* 4
A =
   -3.000 0-4.000 0i
```

将复常量-3-i4 赋予了变量 A。

一个复常量还可用极坐标的形式来表示,例如.:

```
B=2* exp(i* pi/6)
B =
1.732 1 + 1.000 0i
```

其中,pi 是 MATLAB 预定义变量 π。

复数的实部和虚部可以通过 real 和 imag 运算符来实现,而复数的模和辐角可以通过 abs 和 angle 运算符来实现,但应注意辐角的单位为弧度。例如,复数 A 的模和辐角、复数

B 的实部和虚部的计算分别为

```
A_mag=abs(A)
A_mag=
     5
A_rad=angle(A)
A_rad=
     -2.214 3
B_real=real(B)
B_real=
     1.732 1
B_imag=imag(B)
B_imag=
     1.000 0
```

如果将弧度值用"度"来表示,需进行转换,即

```
A_deg=angle(A)* 180/pi
A_deg=
     -126.869 9
```

（2）向量运算

向量是组成矩阵的基本元素之一,MATLAB 具有关于向量运算的强大功能。一般地,向量被分为行向量和列向量。生成向量的方法有很多,我们主要介绍两种。

① 直接输入向量:即把向量中的每个元素列举出来。向量元素要用"[ ]"括起来,元素之间可用空格、逗号分隔生成行向量,用分号分隔生成列向量。例如:

```
A=[1,3,5,21]
A=
1   3   5   21
B=[1;3;5;21]
B=
1
3
5
21
```

② 利用冒号表达式生成向量:这种方法用于生成等步长或均匀等分的行向量,其表达式为 $x=x_0 : step : x_n$。其中 x_0 为初始值;$step$ 表示步长或增量;x_n 为结束值。如果 $step$ 值缺省,则步长默认为 1。例如:

```
C=0：2：10
C=
  0   2   4   6   8   10
D=0：10
D=
  0   1   2   3   4   5   6   7   8   9   10
```

在连续时间信号和时域离散信号的表示过程中,我们经常要用到冒号表达式。例如,对于 $0 \leqslant t \leqslant 1$ 范围内的连续信号,可用冒号表达式 "$t = 0 : 0.001 : 1$" 来近似表达该区间,此时,向量 t 表示该区间以 0.001 为间隔的 1001 个点。

如果一个向量或一个标量与一个数进行运算,即 "+" "-" "*" "/" 以及 "^" 运算,则运算结果是将该向量的每一个元素与这个数逐一进行相应的运算所得到的新的向量。例如:

```
C = 0 : 2 : 10;
E = C/4
E =
    0   0.500 0   1.000 0   1.500 0   2.000 0   2.500 0
```

其中,第一行语句结束的分号是为了不显示 C 的结果;第二句没有分号则显示出 E 的结果。

一个向量中元素的个数可以通过命令 "length" 获得,例如:

```
t = 0 : 0.001 : 1;
L = length(t)
L =
   1 001
```

(3) 矩阵运算

MATLAB 又称矩阵实验室,因此,MATLAB 中矩阵的表示十分方便。例如,输入矩阵 $\begin{bmatrix} 11 & 12 & 13 \\ 21 & 22 & 23 \\ 31 & 32 & 33 \end{bmatrix}$,在 MATLAB 命令窗口中可输入下列命令得到,即:

```
a = [11 12 13;21 22 23;31 32 33]
a =
    11    12    13
    21    22    23
    31    32    33
```

其中,命令中整个矩阵用括号 "[ ]" 括起来;矩阵每一行的各个元素必须用逗号 "," 或空格分开;矩阵的不同行之间必须用分号 ";" 或者按 Enter 键分开。

在矩阵的加减运算中,矩阵维数相同才能实行加减运算。矩阵的加法或减法运算是将矩阵的对应元素分别进行加法或减法运算。在矩阵的乘法运算中,要求两矩阵必须维数相容,即第一个矩阵的列数必须等于第二个矩阵的行数。例如:

```
a = [1 2 3;4 5 6]
a =
    1    2    3
    4    5    6
b = [1 2;3 4;5 6]
b =
    1    2
    3    4
```

```
     5     6
c=a* b
```
$c =$
```
    22    28
    49    64
```

MATLAB 中矩阵的点运算是对相同维数的矩阵的对应元素进行相应的算术运算,标量常数可以和矩阵进行任何点运算。常用的点运算包括". * "". /"". \""."^"等。矩阵的加法和减法是在对应元素之间进行的,所以不存在点加法或点减法。

点乘运算,又称 Hadamard 乘积,是指两维数相同的矩阵或向量对应元素相乘,表示为 $C=A.{\ast}B$。点除运算是指两维数相同的矩阵或向量中各元素独立的除运算,包括点右除和点左除。其中,点右除表示为 $C=A./B$,意思是 A 对应元素除以 B 对应元素;点左除表示为 $C=A.\backslash B$,意思是 B 对应元素除以 A 对应元素。点幂运算是指两维数相同的矩阵或向量各元素独立的幂运算,表达式为 $C=A.{\hat{}}B$。

(4)符号运算

MATLAB 符号运算工具箱提供的函数命令是专门研究符号运算功能的。符号运算是指符号之间的运算,其运算结果仍以标准的符号形式表达。符号运算是 MATLAB 的一个极其重要的组成部分,符号表示的解析式比数值解具有更好的通用性。在使用符号运算之前必须定义符号变量,并创建符号表达式。定义符号变量的语句格式为

syms 变量名

其中,各个变量名须用空格隔开。例如,定义 x、y、z 三个符号变量的语句格式为

syms x y z

我们可以用 whos 命令来查看所定义的符号变量,即:

```
clear
syms x y z
whos
Name Size    Bytes    Class
x    1x1 126 sym object
y    1x1 126 sym object
z    1x1 126 sym object
Grand total is 6 elements using 378 bytes
```

可见,变量 x、y、z 必须通过符号对象定义,即 sym object,才能参与符号运算。

另一种定义符号变量的语句格式为

sym('变量名')

例如,x、y、z 三个符号变量定义的语句格式为

```
x = sym('x');
y = sym('y');
z = sym('z');
```

sym 语句还可以用来定义符号表达式,语句格式为

sym('表达式')

例如,定义表达式 $x+1$ 为符号表达式对象,语句为

```
sym('x+1');
```

另一种创建符号表达式的方法是先定义符号变量,然后直接写出符号表达式。例如,在 MATLAB 中创建符号表达式 $y = \dfrac{\sin(t)\,\mathrm{e}^{-2t}+5}{\cos(t)+t^2+1}$,其 MATLAB 源程序为

```
syms t
y=(sin(t).* exp(-2* t)+5)./(cos(t)+t.^2+1)
```

3. MATLAB 中常用绘图方法

MATLAB 的 plot 命令是绘制二维曲线的基本函数,它为数据的可视化提供了方便的途径。例如,函数关于变量 x 的曲线绘制的语句格式为

```
plot(x,y)
```

其中,输出以向量 x 为横坐标,向量 y 为纵坐标,且按照向量 x、y 中元素的排列顺序有序绘制图形。但向量 x 与 y 必须拥有相同的长度。

绘制多幅图形的语句格式为

```
plot(x1,y1,'str1',x2,y2,'str2',...)
```

其中,用 str1 制定的方式,输出以 $x1$ 为横坐标、$y1$ 为纵坐标的图形。用 str2 制定的方式,输出以 $x2$ 为横坐标、$y2$ 为纵坐标的图形。若省略 str,则 MATLAB 自动为每条曲线选择颜色与线型。

用 subplot 命令可在一个图形窗口中按照规定的排列方式同时显示多个图形,方便图形的比较。其语句格式为

```
subplot(m,n,p)或 subplot(mnp)
```

其中,m 和 n 表示在一个图形窗口中显示 m 行 n 列个图像,p 表示第 p 个图像区域,即在第 p 个区域作图。除了 plot 命令,MATLAB 还提供了 ezplot 命令绘制符号表达式的曲线,其语句格式为

```
ezplot(y,[a,b])
```

其中,$[a,b]$ 参数表示符号表达式的自变量取值范围,默认值为 $[0,2\pi]$。

4. MATLAB 中的 M 文件

MATLAB 文件分为两类:M 脚本文件(M – Script)和 M 函数(M – function),它们均为由 ASCII 码构成的文件,该文件可直接在文本编辑器中编写,称为 M 文件,保存的文件扩展名为 .m。

1–12
MATLAB
中的 M 文件

M 函数文件和 M 脚本文件都是在编辑器中生成,通常以关键字 function 引导"函数声明行",并罗列出函数与外界联系的全部"标称"的输入/输出变量。它的一般形式为

```
function [output 1,output 2,…] = functionname(input1,input2,…)
% [output 1,output 2,…] = functionname(input1,input2,…)func-
tionname
% Some comments that explain what the function does go here.
MATLAB command 1;
MATLAB  command 2;
MATLAB  command 3;
……
```

该函数的 M 文件名是 functionname. m,在 MATLAB 命令窗口中可被其他 M 文件调用,例如:

```
[output1,output2]=functionname(input1,input2)
```

注意,MATLAB 忽略了"%"后面的所有文字,因此,可以利用该符号写注释。以";"结束一行可以停止输出打印,在一行的最后输入"⋯"可以续行,以便在下一行继续输入指令。M 函数格式是 MATLAB 程序设计的主流,在一般情况下,不建议使用 M 脚本文件格式编程。

5. MATLAB 程序流程控制

(1) for 循环结构

for 循环结构用于在一定条件下多次循环执行处理某段指令,其语法格式为:

```
for 循环变量=初值:增量:终值
     循环体
end
```

循环变量一般被定义为一个向量,这样循环变量从初值开始,循环体中的语句被执行一次,变量值就增加一个增量,直到变量等于终值为止。增量可以根据需要设定,默认时为 1。end 代表循环体的结束部分。

(2) while 循环结构

while 循环结构也用于循环执行处理某段指令,但是与 for 循环结构不同的是在执行循环体之前要先判断循环执行的条件是否成立,即逻辑表达式为"真"还是"假",如果条件成立,则执行;如果条件不成立,则终止循环。其语法格式为

```
while 逻辑表达式
     循环体
end
```

(3) if 分支结构

if 条件分支结构是通过判断逻辑表达式是否成立来决定是否执行制定的程序模块。其语法格式有两种,一种是单分支结构;另一种为多分支结构。其中,单分支结构语法格式为

```
if    逻辑表达式
程序模块
end
```

单分支结构语法格式的含义是,如果逻辑表达式为"真",则执行程序模块,否则跳过该分支结构,按顺序结构执行下面的程序

多分支结构的语法格式为

```
if    逻辑表达式 1
     程序模块 1
else if 逻辑表达式 2(可选)
     程序模块 2
⋯⋯
else
```

程序模块 n

  end

  多分支结构语法格式可理解为:首先判断 if 条件分支结构中的逻辑表达式 1 是否成立,如果成立则执行程序模块 1;否则继续判断 else if 条件分支结构中的逻辑表达式 2,如果成立则执行程序模块 2;依次下去,如果结构中所有条件都不成立,则执行程序模块 n。

  (4) switch 分支结构

switch 分支结构是根据表达式的取值结果不同来选择执行的程序模块,其语法格式为

switch 表达式

case 常量 1

  程序模块 1

case 常量 2

  程序模块 2

……

  otherwise

  程序模块 n

end

  其中,switch 后面的表达式可以是任何类型,如数字、字符串等。当表达式的值与 case 后面的常量相等时,就执行对应的程序模块;如果所有常量都与表达式的值不等时,则执行 otherwise 后面的程序模块。

  除了上述介绍的几种程序流程控制结构外,MATLAB 为实现交互控制程序流程还提供了 continue、break、pause、input、error、disp 等命令。读者可通过 doc 或者 help 命令查看它们的具体使用。

四、实验内容及步骤

  在熟悉了 MATLAB 基本命令的基础上,完成以下实验。

  1. 向量的加、减、乘、除和乘方运算。

  输入 $a=[1\quad 2\quad 3\quad 4]$,$b=[3\quad 4\quad 5\quad 6]$。

  求 $c=a+b,d=a-b,e=a.*b,f=a./b,g=a.^b$,并画出 $a、b、c、d、e、f、g$ 图形。

  2. 利用冒号运算符生成向量,要求生成起点为 0,终点为 10,间隔分别为 1,0.5,0.1,0.01 的三个向量并画图。

  3. 将 $a=[1\quad 2\quad 3\quad 4]$,$b=2:5,c=a+b$ 三个向量拼接为一个 $3*3$ 的矩阵 A,并计算 $A+A,A-A,A.*A,A./A$。

  4. 查阅资料,学习从 txt 文件或 Excel 文件读取一个向量或矩阵的方法并实现。

五、思考题

  通过实验对比向量的点乘(.*)和直接乘法(*)的区别,并思考两种乘法的适用情况,思考哪种乘法类似于程序中的 for 循环。

六、实验报告要求

  1. 简述实验目的及原理。

  2. 按实验步骤附上实验程序。

  3. 按实验步骤附上有关图形。

4. 简要回答思考题。

6.2 实验二 时域离散信号的表示和基本运算

一、实验说明

1. 实验类型:验证性实验。

2. 实验课时:3 学时。

二、实验目的

1. 掌握用 MATLAB 表示时域离散信号(序列)的方法。

2. 掌握用 MATLAB 实现时域离散信号(序列)的基本计算的方法。

三、实验原理与方法

1. 时域离散信号在 MATLAB 中的表示

时域离散信号是指在离散时刻才有定义的信号,简称离散信号,或者序列。离散序列通常用 $x(n)$ 来表示,自变量必须是整数。

时域离散信号的波形绘制在 MATLAB 中一般用 stem 函数。stem 函数的基本用法和 plot 函数一样,它绘制的波形图的每个样本点上有一个小圆圈,默认是空心的。如果要实心,需使用参数"fill""filled"或者参数"."。由于 MATLAB 中矩阵元素的个数有限,所以 MATLAB 只能表示一定时间范围内有限长度的序列;而对于无限序列,也只能在一定时间范围内表示出来。类似于连续时间信号,时域离散信号也有一些典型的时域离散信号。

(1) 单位采样(取样)序列

单位采样序列 $\delta(t)$,也称为单位冲激序列,定义为

$$\delta(n) = \begin{cases} 1, (n=0) \\ 0, (n \neq 0) \end{cases} \tag{6-1}$$

要注意,单位冲激序列不是单位冲激函数的简单离散抽样,它在 $n=0$ 处是取确定的值 1。在 MATLAB 中,冲激序列可以通过编写以下的 impDT. m 文件来实现,即:

```
function y=impDT(n)
y=(n==0);   % 当参数为 0 时冲激为 1,否则为 0
```

调用该函数时 n 必须为整数或整数向量。

【例 6-1】 利用 MATLAB 的 impDT 函数绘出单位冲激序列的波形图。

解 MATLAB 源程序为

```
n=-3:3;
x=impDT(n);
stem(n,x,'fill'),xlabel('n'),grid on
title('单位冲激序列')
axis([-3 3 -0.1 1.1])
```

程序运行结果如图 6-3 所示。

(2) 单位阶跃序列

单位阶跃序列 $u(n)$ 定义为

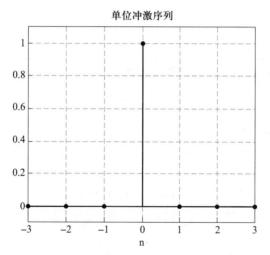

图 6-3　例 6-1 程序运行结果

$$u(n)=\begin{cases}1,(n\geqslant 0)\\0,(n<0)\end{cases} \tag{6-2}$$

在 MATLAB 中,阶跃序列可以通过编写 uDT. m 文件来实现,即:

```
function y=uDT(n)
y=n>=0;% 当参数为非负时输出 1
```

调用该函数时 n 也同样必须为整数或整数向量。

【例 6-2】　利用 MATLAB 的 uDT 函数绘出单位阶跃序列的波形图。

解　MATLAB 源程序为

```
n=-3:5;
x=uDT(n);
stem(n,x,'fill'),xlabel('n'),grid on
title('单位阶跃序列')
axis([-3 5 -0.1 1.1])
```

程序运行结果如图 6-4 所示。

（3）矩形序列

矩形序列 $R_N(N)$ 定义为

$$R_N(N)=\begin{cases}1,0\leqslant n\leqslant N-1\\0,n<0,n\geqslant N\end{cases} \tag{6-3}$$

矩形序列有一个重要的参数,就是序列宽度 N,$R_N(N)$ 与 $u(n)$ 之间的关系为

$$R_N(N)=u(n)-u(n-N) \tag{6-4}$$

因此,用 MATLAB 表示矩形序列可以用上面所讲的 uDT 函数。

【例 6-3】　利用 MATLAB 命令绘出矩形序列 $R_5(N)$ 的波形图。

解　MATLAB 源程序为

```
n=-3:8;
x=uDT(n)-uDT(n-5);
stem(n,x,'fill'),xlabel('n'),grid on
```

```
title('矩形序列')
axis([-3 8 -0.1 1.1])
```

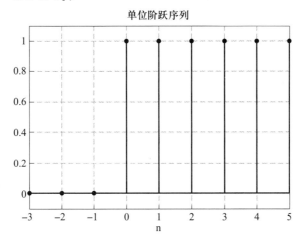

图 6-4 例 6-2 程序运行结果

程序运行结果如图 6-5 所示。

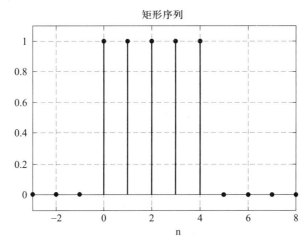

图 6-5 例 6-3 程序运行结果

（4）单边指数序列

单边指数序列定义为

$$x(n) = a^n u(n) \tag{6-5}$$

【例 6-4】 试用 MATLAB 命令分别绘制单边指数序列 $x_1(n) = 1.2^n u(n)$、$x_2(n) = (-1.2)^n u(n)$、$x_3(n) = 0.8^n u(n)$、$x_4(n) = (-0.8)^n u(n)$ 的波形图。

解 MATLAB 源程序为

```
n=0：10;
a1=1.2;a2=-1.2;a3=0.8;a4=-0.8;
x1=a1.^n;x2=a2.^n;x3=a3.^n;x4=a4.^n;
subplot(221)
stem(n,x1,'fill'),grid on
```

```
xlabel('n'),title('x(n)=1.2^{n}')
subplot(222)
stem(n,x2,'fill'),grid on
xlabel('n'),title('x(n)=(-1.2)^{n}')
subplot(223)
stem(n,x3,'fill'),grid on
xlabel('n'),title('x(n)=0.8^{n}')
subplot(224)
stem(n,x4,'fill'),grid on
xlabel('n'),title('x(n)=(-0.8)^{n}')
```

单边指数序列 n 的取值范围为 $n \geqslant 0$。程序运行结果如图 6-6 所示。

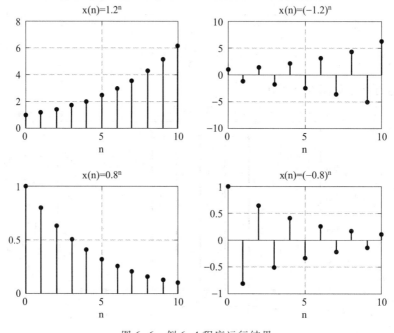

图 6-6　例 6-4 程序运行结果

从图 6-6 可知,当 $|a|>1$ 时,单边指数序列发散;当 $|a|<1$ 时,该序列收敛。当 $a>1$ 时,该序列均为正值;当 $a<0$ 时,序列在正负摆动。

（5）正弦序列

正弦序列定义为

$$x(n) = \sin(n\omega_0 + \varphi) \qquad (6\text{-}6)$$

其中,ω_0 是正弦序列的数字域频率,为初相。与连续的正弦信号不同,正弦序列的自变量 n 必须为整数。可以证明,只有当 $\dfrac{2\pi}{\omega_0}$ 为有理数时,正弦序列具有周期性。

【例 6-5】　试用 MATLAB 命令绘制正弦序列 $x(n) = \sin\dfrac{n\pi}{6}$ 的波形图。

解　MATLAB 源程序为

```
n=0:39;
```

```
x=sin(pi/6* n);
stem(n,x,'fill'),xlabel('n'),grid on
title('正弦序列')
axis([0,40,-1.5,1.5]);
```

程序运行结果如图 6-7 所示。

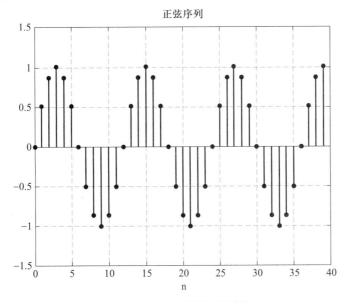

图 6-7　例 6-5 程序运行结果

（6）复指数序列

复指数序列定义为

$$x(n) = e^{(a+j\omega_0)n} \tag{6-7}$$

当 $a=0$ 时,得到虚指数序列 $x(n)=e^{j\omega_0 n}$,式中 ω_0 是正弦序列的数字域频率。由欧拉公式知,复指数序列可进一步表示为

$$x(n)=e^{(a+j\omega_0)n}=e^{an}e^{j\omega_0 n}=e^{an}[\cos(n\omega_0)+j\sin(n\omega_0)] \tag{6-8}$$

与连续复指数信号一样,我们将复指数序列实部和虚部的波形分开讨论,得出如下结论：

① 当 $a>0$ 时,复指数序列 $x(n)$ 的实部和虚部分别是按指数规律增长的正弦振荡序列；

② 当 $a<0$ 时,复指数序列 $x(n)$ 的实部和虚部分别是按指数规律衰减的正弦振荡序列；

③ 当 $a=0$ 时,复指数序列 $x(n)$ 即为虚指数序列,其实部和虚部分别是等幅的正弦振荡序列。

【例 6-6】　用 MATLAB 命令画出复指数序列 $x(n)=2e^{\left(-\frac{1}{10}+j\frac{\pi}{6}\right)n}$ 的实部、虚部、模及相角随时间变化的曲线,并观察其时域特性。

　　解　MATLAB 源程序为

```
n=0：30;
A=2;a=-1/10;b=pi/6;
```

```
x=A* exp((a+i* b)* n);
subplot(2,2,1)
stem(n,real(x),'fill'),grid on
title('实部'),axis([0,30,-2,2]),xlabel('n')
subplot(2,2,2)
stem(n,imag(x),'fill'),grid on
title('虚部'),axis([0,30,-2,2]),xlabel('n')
subplot(2,2,3)
stem(n,abs(x),'fill'),grid on
title('模'),axis([0,30,0,2]),xlabel('n')
subplot(2,2,4)
stem(n,angle(x),'fill'),grid on
title('相角'),axis([0,30,-4,4]),xlabel('n')
```
程序运行结果如图 6-8 所示。

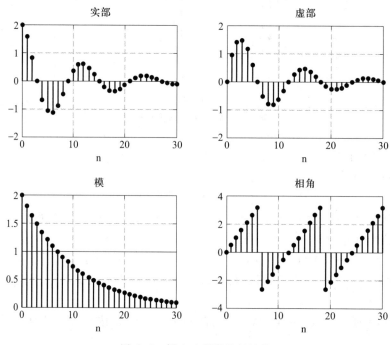

图 6-8　例 6-6 程序运行结果

2. 时域离散信号的基本运算

对时域离散序列实行基本运算可得到新的序列,这些基本运算主要包括加、减、乘、除、移位、反折等。两个序列的加减乘除是对应离散样点值的加减乘除,因此,可通过 MATLAB 的点乘、点除、序列移位和反折来实现,与连续时间信号处理方法基本一样。

【例 6-7】　用 MATLAB 命令画出下列时域离散信号的波形图。

（1）$x_1(n) = a^n [u(n) - u(n-N)]$

（2）$x_2(n) = x_1(n+3)$

（3）$x_3(n) = x_1(n-3)$

（4）$x_4(n) = x_1(-n)$

解 设 $a = 0.8$，$N = 8$，MATLAB 源程序为

```
a = 0.8;N = 8;n = -12:12;
x = a.^n.* (uDT(n)-uDT(n-N));
n1 = n;n2 = n1-3;n3 = n1+2;n4 = -n1;
subplot(411)
stem(n1,x,'fill'),grid on
title('x1(n)'),axis([-15 15 0 1])
subplot(412)
stem(n2,x,'fill'),grid on
title('x2(n)'),axis([-15 15 0 1])
subplot(413)
stem(n3,x,'fill'),grid on
title('x3(n)'),axis([-15 15 0 1])
subplot(414)
stem(n4,x,'fill'),grid on
title('x4(n)'),axis([-15 15 0 1])
```

程序运行结果如图 6-9 所示。

四、实验内容及步骤

1. 试用 MATLAB 命令分别绘出下列各序列的波形图。

（1）$x(n) = \left(\dfrac{1}{2}\right)^n u(n)$

（2）$x(n) = 2^n u(n)$

（3）$x(n) = \left(-\dfrac{1}{2}\right)^n u(n)$

（4）$x(n) = (-2)^n u(n)$

（5）$x(n) = 2^{n-1} u(n-1)$

（6）$x(n) = \left(\dfrac{1}{2}\right)^{n-1} u(n)$

2. 试用 MATLAB 分别绘出下列各序列的波形图。

（1）$x(n) = \sin\dfrac{n\pi}{5}$

（2）$x(n) = \cos\left(\dfrac{n\pi}{10} - \dfrac{\pi}{5}\right)$

（3）$x(n) = \left(\dfrac{5}{6}\right)^n \sin\dfrac{n\pi}{5}$

（4）$x(n) = \left(\dfrac{3}{2}\right)^n \sin\dfrac{n\pi}{5}$

3. 用 MATLAB 实现下列序列。

（1）$x(n) = 0.8^n, 0 \leqslant n \leqslant 15$

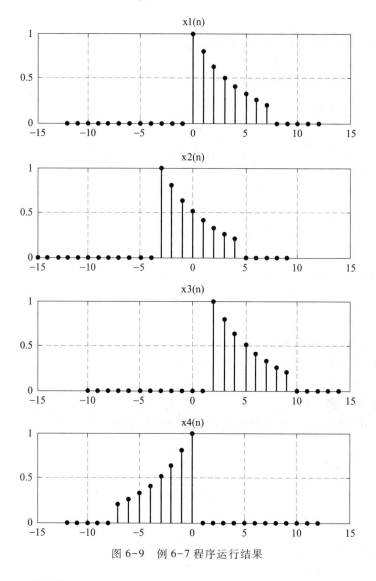

图 6-9　例 6-7 程序运行结果

（2）$x(n) = e^{(0.2+3j)n}$、$0 \leqslant n \leqslant 15$

（3）$x(n) = 3\cos(0.125\pi n + 0.2\pi) + 2\sin(0.25\pi n + 0.1\pi)$，$0 \leqslant n \leqslant 15$

（4）将（3）中的 $x(n)$ 拓展为以 16 为周期的函数 $x_{16}(n) = x(n+16)$，绘出四个周期。

（5）将（3）中的 $x(n)$ 拓展为以 10 为周期的函数 $x_{10}(n) = x(n+10)$，绘出四个周期。

五、思考题

比较实验内容第 3 题中（4）和（5）两小题的结果，试说明对于周期性信号，应当如何采样，才能保证周期扩展后与原信号保持一致。

六、实验报告要求

1. 简述实验目的及原理。

2. 按实验步骤附上实验程序。

3. 按实验步骤附上有关波形曲线。

4. 简要回答思考题。

一、实验说明

1. 实验类型:验证性实验。
2. 实验课时:3 学时。

二、实验目的

1. 掌握求系统响应的方法。
2. 掌握时域离散系统的时域特性。
3. 分析、观察及检验系统的稳定性。

三、实验原理与方法

1. 时域离散系统输出响应

在时域中,描写系统特性的方法是差分方程和单位采样响应,在频域可以用系统函数描述系统特性。已知输入信号可以由差分方程、单位采样响应或系统函数求出系统对于该输入信号的响应,本实验仅在时域求解。在计算机上适合用递推法求差分方程的解,最简单的方法是采用 MATLAB 语言的工具箱函数 filter 函数。也可以用 MATLAB 语言的工具箱函数——conv 函数计算输入信号和系统的单位采样响应的线性卷积,从而求出系统的响应。

（1）filter 函数的用法

时域离散 LTI 系统可用线性常系数差分方程来描述,即

$$\sum_{i=0}^{N} a_i y(n-i) = \sum_{j=0}^{M} b_j x(n-j) \tag{6-9}$$

其中,$a_i(i=0,1,\cdots,N)$ 和 $b_j(j=0,1,\cdots,M)$ 为实常数。

函数 filter 的语句格式为

$$y = filter(b,a,x)$$

其中,x 为输入的离散序列;y 为输出的离散序列;y 的长度与 x 的长度一样;b 与 a 分别为差分方程右端与左端的系数向量。

【例 6-8】 已知某 LTI 系统的差分方程为

$$3y(n)-4y(n-1)+2y(n-2)=x(n)+2x(n-1)$$

试用 MATLAB 命令绘出当激励信号为 $x(n)=\left(\dfrac{1}{2}\right)^n u(n)$ 时,该系统的零状态响应。

解 MATLAB 源程序为

```
a=[3 -4 2];
b=[1 2];n=0:30;
x=(1/2).^n;
y=filter(b,a,x);
stem(n,y,'fill'),grid on
xlabel('n'),title('系统响应 y(n)')
```

程序运行结果如图 6-10 所示。

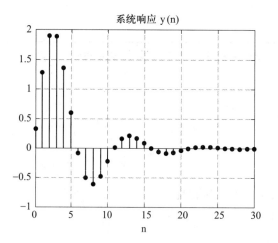

图 6-10　例 6-8 程序运行结果

（2）conv 函数的用法

由于系统的零状态响应是激励与系统的单位采样响应的卷积,因此卷积运算在时域离散信号处理领域被广泛应用。时域离散信号的卷积定义为

$$y(n) = x(n) * h(n) = \sum_{m=-\infty}^{\infty} x(m)h(n-m) \qquad (6-10)$$

可见,时域离散信号的卷积运算是求和运算,因而常称为"卷积和",MATLAB 时域离散信号卷积求和的命令为 conv,其语句格式为

$$y = conv(x,h)$$

其中,x 与 h 表示时域离散信号值的向量;y 为卷积结果。用 MATLAB 进行卷积和运算时,无法实现无限的累加,只能计算时限信号的卷积。

例如,利用 MATLAB 的 conv 命令求两个长为 4 的矩形序列的卷积和,即 $g(n) = [u(n) - u(n-4)] * [u(n) - u(n-4)]$。其结果应是长为 7($4+4-1=7$)的三角序列。

用向量[1　1　1　1]表示矩形序列,MATLAB 源程序为

```
x1=[1 1 1 1];
x2=[1 1 1 1];
g=conv(x1,x2)
g =
1   2   3   4   3   2   1
n=1:7;
stem(n,g,'fill'),grid on,xlabel('n')
```

程序运行结果如图 6-11 所示。

2. 时域离散系统稳定性检验

系统的时域特性指的是系统的线性时不变性质、因果性和稳定性。重点分析实验系统的稳定性,包括观察系统的暂态响应和稳定响应。

系统的稳定性是指对任意有界的输入信号,系统都能得到有界的系统响应。或者系统的单位采样响应满足绝对可和的条件。系统的稳定性由其差分方程的系数决定。

实际中检查系统是否稳定,不可能检查系统对所有有界的输入信号,输出是否都是

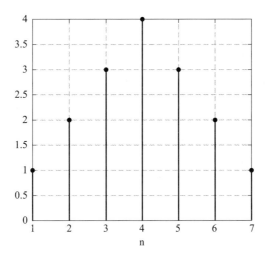

图 6-11 卷积的程序运行结果

有界输出,或者检查系统的单位采样响应满足绝对可和的条件。可行的方法是在系统的输入端加入单位阶跃序列,如果系统的输出趋近一个常数(包括零),就可以断定系统是稳定的。系统的稳态输出是指当 $n \to \infty$ 时系统的输出。如果系统稳定,信号加入系统后,系统输出的开始一段称为暂态响应,随着 n 的加大,幅度趋于稳定,达到稳态输出。

注意在以下实验中均假设系统的初始状态为零。

四、实验内容及步骤

1. 编制程序,包括产生输入信号、单位采样响应序列的子程序,用 filter 函数或 conv 函数求解系统输出响应的主程序。程序中要有绘制信号波形的功能。

2. 给定一个低通滤波器的差分方程为

$$y(n) = 0.05x(n) + 0.05x(n-1) + 0.9y(n-1)$$

输入信号:

$$x_1(n) = R_8(n)$$

$$x_2(n) = u(n)$$

(1)分别求出系统对 $x_1(n) = R_8(n)$ 和 $x_2(n) = u(n)$ 的响应序列,并画出其波形。

(2)求出系统的单位采样响应,画出其波形。

3. 给定系统的单位采样响应为

$$h_1(n) = R_{10}(n)$$

$$h_2(n) = \delta(n) + 2.5\delta(n-1) + 2.5\delta(n-2) + \delta(n-3)$$

用线性卷积法分别求系统 $h_1(n)$ 和 $h_2(n)$ 对 $x_1(n) = R_8(n)$ 的输出响应,并画出波形。

4. 给定一谐振器的差分方程为

$$y(n) = 1.823\ 7y(n-1) - 0.980\ 1y(n-2) + b_0 x(n) - b_0 x(n-2)$$

令 $b_0 = \dfrac{1}{100.49}$,谐振器的谐振频率为 0.4 rad。

用实验方法检查系统是否稳定。输入信号为 $u(n)$ 时,画出系统输出波形。

5. 给定输入信号为

$$x(n) = \sin(0.014n) + \sin(0.4n)$$

求出系统的输出响应,并画出其波形。

五、思考题

1. 如果输入信号为无限长序列,系统的单位采样响应是有限长序列,可否用线性卷积法求系统的响应？ 如何求？

2. 如果信号经过低通滤波器,把信号的高频分量滤掉,时域信号会有何变化,用前面第一个实验结果进行分析说明。

六、实验报告要求

1. 简述在时域求系统响应的方法。

2. 简述通过实验判断系统稳定性的方法,分析上面第三个实验的稳定输出的波形。

3. 对各实验所得结果进行简单分析和解释。

4. 简要回答思考题。

5. 打印程序清单和要求的各信号波形。

6.4　实验四　离散傅里叶变换及快速傅里叶变换

一、实验说明

1. 实验类型:设计性实验。

2. 实验课时:3 学时。

二、实验目的

1. 掌握离散傅里叶变换的基本概念。

2. 掌握快速傅里叶变换的应用方法。

三、实验原理

1. 离散傅里叶级数

周期时域离散信号 $x(n)$ 的傅里叶级数,正变换(DFS)可以表示为

$$X(k) = \sum_{n=0}^{N-1} e^{-j\frac{2\pi}{N}nk} \tag{6-11}$$

逆变换(IDFS)为

$$x(n) = \frac{1}{N}\sum_{k=0}^{N-1} X(k) e^{j\frac{2\pi}{N}nk} \tag{6-12}$$

可以看到,时域的采样对应于频域的周期延拓,而时域函数的周期性造成频域的离散谱。周期时域离散函数对应于一周期离散频域变换函数。

2. 离散傅里叶变换

离散傅里叶级数变换是周期序列,仍不便于计算机计算。但离散傅里叶级数虽是周期序列,却只有 N 个独立的数值,所以它的许多特性可以通过有限长序列延拓来得到。对于一个长度为 N 的有限长序列 $x(n)$,也即 $x(n)$ 只在 $n=0 \sim N-1$ 个点上有非零值,其余皆为零,即

$$x(n) = \begin{cases} x(n), & 0 \leqslant n \leqslant N-1 \\ 0, & \text{其他} \end{cases} \tag{6-13}$$

把序列 $x(n)$ 以 N 为周期进行周期延拓得到周期序列 $\tilde{x}(n)$,则有

$$x(n) = \begin{cases} \tilde{x}(n), & 0 \leqslant n \leqslant N-1 \\ 0, & \text{其他} \end{cases} \tag{6-14}$$

所以,有限长序列 $x(n)$ 的离散傅里叶变换(DFT)为

$$X(k) = \text{DFT}\left[x(n)\right] = \sum_{n=0}^{N-1} x(n) W_N^{-kn}, 0 \le n \le N-1 \tag{6-15}$$

逆变换(IDFT)为

$$x(n) = \text{IDFT}\left[X(k)\right] = \frac{1}{N}\sum_{n=0}^{N-1} X(k) W_N^{-kn}, 0 \le n \le N-1 \tag{6-16}$$

若将 DFT 变换的定义写成矩阵形式,则得到 $X = A \cdot x$,其中 DFT 变换矩阵 A 为

$$A = \begin{Bmatrix} 1 & 1 & \cdots & 1 \\ 1 & W_N^1 & \cdots & W_N^{N-1} \\ \vdots & \vdots & \vdots & \vdots \\ 1 & W_N^{N-1} & \cdots & W_N^{(N-1)^2} \end{Bmatrix} \tag{6-17}$$

dftmtx 函数:用来计算 DFT 变换矩阵 A 的函数

调用方式:

(1) A=dftmtx(n):返回 $n \times n$ 的 DFT 变换矩阵 A。若 x 为给定长度的行向量,则 $y = x \cdot A$,返回 x 的 DFT 变换 y。

(2) Ai=conj(dftmtx(n))/n:返回 $n \times n$ 的 IDFT 变换矩阵 A_i

【例 6-9】

A=dftmtx(4)
Ai=conj(dftmtx(4))/4

运行结果

A =

1. 000 0	1. 000 0	1. 000 0	1. 000 0
1. 000 0	0−1. 000 0i	−1. 000 0	0+1. 000 0i
1. 000 0	−1. 000 0	1. 000 0	−1. 000 0
1. 000 0	0+1. 000 0i	−1. 000 0	0−1. 000 0i

Ai =

0. 250 0	0. 250 0	0. 250 0	0. 250 0
0. 250 0	0+0. 250 0i	−0. 250 0	0−0. 250 0i
0. 250 0	−0. 250 0	0. 250 0	−0. 250 0
0. 250 0	0−0. 250 0i	−0. 250 0	0+0. 250 0i

【例 6-10】 如果 $x(n) = \sin\left(\dfrac{n\pi}{8}\right) + \sin\left(\dfrac{n\pi}{4}\right)$ 是一个 $N = 16$ 的有限序列,用 MATLAB 求其 DFT 的结果,并画出其结果图,如图 6-12 所示。

程序:

N=16;

```
n=0:1:N-1;    % 时域采样
xn=sin(n* pi/8)+sin(n* pi/4);
k=0:1:N-1;    % 频域采样
WN=exp(-j* 2* pi/N);nk=n'* k;
WNnk=WN.^nk;
Xk=xn* WNnk;
subplot(2,1,1)
stem(n,xn);
subplot(2,1,2)
stem(k,abs(Xk));
```

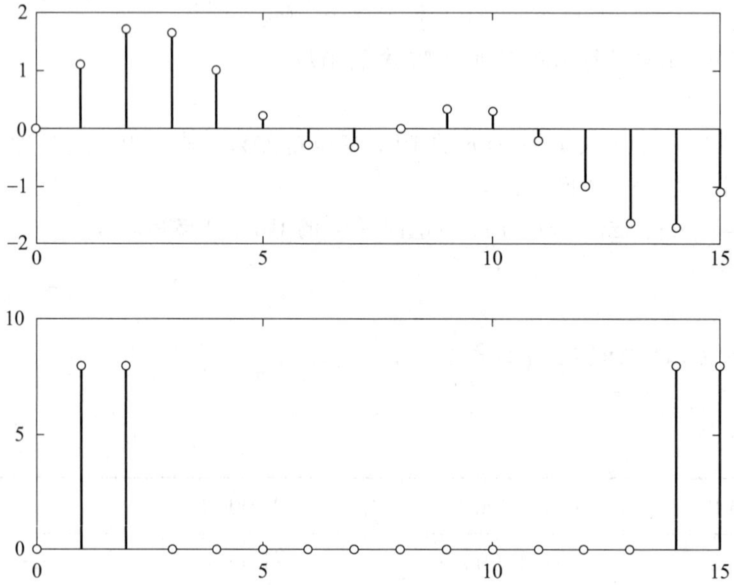

图 6-12　例 6-10 程序运行结果

【例 6-11】　求有限长序列 $x(n)=8(0.4)^n, 0 \leqslant n \leqslant 20$ 的圆周移位 $x(n)=x(n+10)$ $R(n)$。并画出其结果图,如图 6-13 所示。

程序:

```
N=20;
m=10;
n=0:1:N-1;
x=8* (0.4).^n;
n1=mod((n+m),N);
xm=x(n1+1);
subplot(2,1,1);
stem(n,x);
title('Original Sequence');
xlabel('n');
ylabel('x(n)');
```

```
subplot(2,1,2);
stem(n,xm);
title('Circular Shift Sequence');
xlabel('n');
ylabel('x((n+10))mod20');
```

运算结果:

x =

Columns 1 through 8

8. 000 0   3. 200 0   1. 280 0   0. 512 0   0. 204 8   0. 081 9   0. 032 8   0. 013 1

Columns 9 through 16

0. 005 2   0. 002 1   0. 000 8   0. 000 3   0. 000 1   0. 000 1   0. 000 0   0. 000 0

Columns 17 through 20

0. 000 0   0. 000 0   0. 000 0   0. 000 0

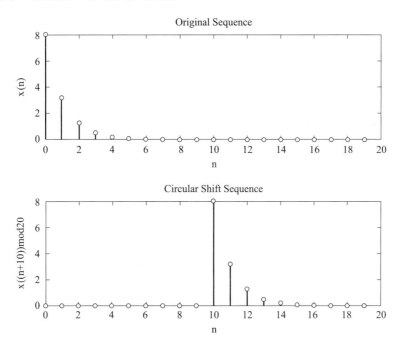

图 6-13   例 6-11 程序运行结果

3. 快速傅里叶变换

在信号处理中,DFT 的计算具有举足轻重的地位,信号的相关、滤波、谱估计等都要通过 DFT 来实现。然而,当 N 很大的时候,求一个 N 点的 DFT 要完成 $N \times N$ 次复数乘法和 $N(N-1)$ 次复数加法,其运算量相当大。1965 年 J. W. Cooley 和 J. W. Tukey 巧妙地利用 W 因子的周期性和对称性,构造了一个 DFT 快速算法,即快速傅里叶变换(FFT)。

MATLAB 为计算数据的离散快速傅里叶变换提供了一系列丰富的数学函数,主要有 fft、ifft、fft2、ifft2、fftn、ifftn 和 fftshift、ifftshift 等。当所处理的数据长度为 2 的幂次时,采用基-2FFT 算法进行计算,计算速度会显著增加。所以要尽可能使所要处理的数据长度为 2 的幂次,或者用填零的方式来填补数据使之成为 2 的幂次。

（1）fft 和 ifft 函数

① 调用方式 1：Y=fft(X)

（a）如果 X 是向量,则采用傅里叶变换来求解 X 的离散傅里叶变换;

（b）如果 X 是矩阵,则计算该矩阵每一列的离散傅里叶变换;

（c）如果 X 是 N×D 维数组,则是对第一个非单元素的维进行离散傅里叶变换;

② 调用方式 2：Y=fft(X,N)

N 是进行离散傅里叶变换的 X 的数据长度,可以通过对 X 进行补零或截取来实现。

③ 调用方式 3：Y=fft(X,[],dim)或 Y=fft(X,N,dim)

（a）在参数 dim 指定的维上进行离散傅里叶变换;

（b）当 X 为矩阵时,dim 用来指定变换的实施方向:dim=1,表明变换按列进行;dim=2表明变换按行进行。

函数 ifft 的参数应用与函数 fft 完全相同。

【例 6-12】 fft 的应用

```
X=[2 1 2 8];
Y=fft(X)
```

运行结果:

Y=

13.000 00+7.000 0i-5.000 00-7.000 0

【例 6-13】 fft 在信号分析中的应用使用频率分析方法从受噪声污染的信号 $x(t)$ 中鉴别出有用的信号。

程序:

```
t=0：0.001：1;              % 采样周期为 0.001 s,即采样频率为 1 000 Hz;
                           % 产生受噪声污染的正弦波信号;
x=sin(2* pi* 100* t)+sin(2* pi* 200* t)+rand(size(t));
subplot(2,1,1)
plot(x(1:50));             % 画出时域内的信号;
Y=fft(x,512);             % 对 x 进行 512 点的傅里叶变换;
f=1000* (0:256)/512;      % 设置频率轴(横轴)坐标,1 000 为采样频率;
subplot(2,1,2)
plot(f,Y(1:257));         % 画出频域内的信号;
```

程序运行结果如图 6-14 所示。

由图 6-14 可以看出,从受噪声污染信号的时域形式中,很难看出正弦波的成分。但是通过对 $x(t)$ 作傅里叶变换,把时域信号变换到频域进行分析,可以明显看出信号中 100 Hz 和 200 Hz 的两个频率分量。

（2）fftshift 和 ifftshift 函数

调用方式:Z=fftshift(Y)

此函数可用于将傅里叶变换结果 Y(频域数据)中的直流成分(即频率为 0 处的值)移到频谱的中间位置。

（a）如果 X 是向量,则变换 Y 的左右两边;

（b）如果 X 是矩阵,则交换 Y 的一、三象限和二、四象限;

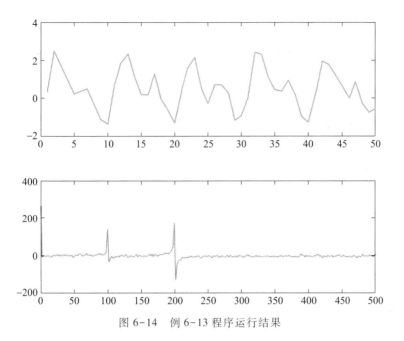

图 6-14　例 6-13 程序运行结果

（c）如果 Y 是多维数组，则在数组的每一维交换其"半空间"。

函数 iffshift 的参数应用与函数 fftshift 完全相同。

【例 6-14】　fftshift 的应用

```
X=rand(5,4);
y=fft(X);
z=fftshift(y);    % 只将傅里叶变换结果 y 中的直流成分移到频谱的中间位置;
```

运行结果：

y =

3.225 0	2.527 7	1.482 0	1.631 4
0.329 4+0.236 8i	0.076 8+0.309 2i	0.645 3+0.451 9i	−0.724 0−0.411 6i
−0.286 7−0.643 5i	0.565 7+0.466 1i	−0.551 5+0.229 7i	−0.057 3−0.088 1i
−0.286 7+0.643 5i	0.565 7−0.466 1i	−0.551 5−0.229 7i	−0.057 3+0.088 1i
0.329 4−0.236 8i	0.076 8−0.309 2i	0.645 3−0.451 9i	−0.724 0+0.411 6i

z =

−0.551 5−0.229 7i	−0.057 3+0.088 1i	−0.286 7+0.643 5i	0.565 7−0.466 1i
0.645 3−0.451 9i	−0.724 0+0.411 6i	0.329 4−0.236 8i	0.076 8−0.309 2i
1.482 0	1.631 4	3.225 0	2.527 7
0.645 3+0.451 9i	−0.724 0−0.411 6i	0.329 4+0.236 8i	0.076 8+0.309 2i
−0.551 5+0.229 7i	−0.057 3−0.088 1i	−0.286 7−0.643 5i	0.565 7+0.466 1i

四、实验内容及步骤

1. 试用 MATLAB 求其有限长序列 $x(n)=(0.8)^n, 0 \leqslant n \leqslant 10$ 与 $x(n)=(0.6)^n, 0 \leqslant n \leqslant 18$ 的圆周卷积，$N=20$，并画出其结果图。

2. 复指数信号的离散傅里叶变换。其中 $x(n)=(0.9e^{\frac{\pi}{3}})^n, n=[0,10]$，用 MATLAB 求这一有限时宽的序列的傅里叶变换。

171

3. 连续信号的 FFT 频谱分析。给定模拟信号 $x(t) = Ae^{-\alpha t}\sin(\Omega t)\mathrm{u}(t)$，式中 $A = 444.128, \alpha = 50\sqrt{2}\,\pi, \Omega_0 = 50\sqrt{2}\,\pi\mathrm{rad/s}$，它的幅频特性曲线如图 6-15 所示。

要求按照 $x_a(T)$ 的幅频特性曲线，选取三种采样频率，即 $F_s = 1\ \mathrm{kHz}$、$300\ \mathrm{Hz}$、$200\ \mathrm{Hz}$。观测时间选 $T_p = 50\ \mathrm{ms}$。为使用 FFT，首先用下面公式产生时域离散信号，对三种采样频率，采样序列按顺序用 $x_1(n)$、$x_2(n)$、$x_3(n)$ 表示。

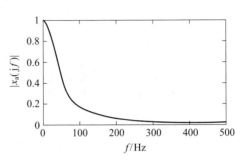

图 6-15　幅频特性曲线

$$x(n) = Ae^{-\alpha nT}\sin(\Omega nT)\mathrm{u}(nT)$$

因为采样频率不同，得到的序列 $x_1(n)$、$x_2(n)$、$x_3(n)$ 的长度不同，长度（点数）用公式 $N = T_p \times F_s$ 计算，FFT 的点数为 $M = 64$，序列长度不够 64 的在尾部加零。

$$X(k) = \mathrm{FFT}[x(n)], \quad k = 0, 1, 2, 3, \cdots, M-1$$

式中 k 代表的频率为 $\omega_k = \dfrac{2\pi k}{M}$。

要求：编写实验程序，计算 $x_1(n), x_2(n), x_3(n)$ 的幅频特性，并绘图显示。观察分析频谱混叠失真现象。

4. 对以下非周期和周期序列进行谱分析。

（1）$x_1(n) = \begin{cases} n+1, & 0 \leqslant n \leqslant 3 \\ 8-n, & 4 \leqslant n \leqslant 7 \\ 0, & 其他 \end{cases}$

（2）$x_2(n) = \begin{cases} 4-n, & 0 \leqslant n \leqslant 3 \\ n-3, & 4 \leqslant n \leqslant 7 \\ 0, & 其他 \end{cases}$

（3）$x_3(n) = \cos\dfrac{\pi}{4}n$

（4）$x_4(n) = \cos\dfrac{\pi n}{4} + \cos\dfrac{\pi n}{8}$

选择 FFT 的变换区间 N 为 8 和 16 两种情况分别对以上序列进行频谱分析。分别打印其幅频特性曲线，并进行对比、分析和讨论。

五、思考题

1. 对于周期序列，如果周期未知，如何用 FFT 进行谱分析？

2. 如何选择 FFT 的变换区间？（包括非周期信号和周期信号）

3. 当 $N = 8$ 时，$x_1(n)$ 和 $x_2(n)$ 的幅频特性会相同吗？为什么？$N = 16$ 呢？

六、实验报告要求

1. 完成各项实验任务和要求。

2. 分析比较实验结果，简述由实验得到的主要结论。

3. 简要回答思考题。

4. 附上程序清单和有关曲线图。

6.5　实验五　IIR 数字滤波器设计及软件实现

一、实验说明

1. 实验类型:设计性实验。

2. 实验课时:3 学时。

二、实验目的

1. 熟悉用双线性变换法设计 IIR 数字滤波器的原理与方法。

2. 学会调用 MATLAB 信号处理工具箱中滤波器设计函数或滤波器设计分析工具
(FDATool)来设计各种 IIR 数字滤波器,学会根据滤波需求确定滤波器指标参数。

3. 掌握 IIR 数字滤波器的 MATLAB 实现方法。

4. 通过观察滤波器输入输出信号的时域波形及其频谱,建立数字滤波的概念。

三、实验原理

设计 IIR 数字滤波器一般采用间接法(冲激响应不变法和双线性变换法),应用最广
泛的是双线性变换法。基本设计过程是:① 先将给定的数字滤波器的指标转换成过渡模
拟滤波器的指标;② 设计过渡模拟滤波器;③ 将过渡模拟滤波器的系统函数转换成数字
滤波器的系统函数。MATLAB 信号处理工具箱中的各种 IIR 数字滤波器设计函数都是采
用双线性变换法。第六章介绍的滤波器设计函数 butter、cheby1、cheby2 和 ellip 可以分别
被调用来直接设计巴特沃斯、切比雪夫 1、切比雪夫 2 和椭圆滤波器。本实验要求读者调
用如上函数直接设计 IIR 数字滤波器。

本实验的数字滤波器的 MATLAB 实现是指调用 MATLAB 信号处理工具箱函数 filter
对给定的输入信号 $x(n)$ 进行滤波,得到滤波后的输出信号 $y(n)$。

四、实验内容及步骤

1. 实验步骤

调用信号产生函数 mstg 产生由三路抑制载波调幅信号相加构成的复合信号 $s(t)$,该
函数还会自动绘图显示 $s(t)$ 的时域波形和幅频特性曲线,如图 6-16 所示。由图可见,三
路信号时域混叠无法在时域分离,但频域是分离的,所以可以通过滤波的方法在频域分
离信号,这就是本实验的目的。

(1)要求将 $s(t)$ 中三路调幅信号分离,通过观察 $s(t)$ 的幅频特性曲线,分别确定可
以分离 $s(t)$ 中三路抑制载波单频调幅信号的三个滤波器(低通滤波器、带通滤波器、高通
滤波器)的通带截止频率和阻带截止频率,要求滤波器的通带最大衰减为 0.1 dB,阻带最
小衰减为 60 dB。提示:抑制载波单频调幅信号的数学表示式为

$$s(t) = \cos(2\pi f_0 t)\cos(2\pi f_c t) = \frac{1}{2}\{\cos[2\pi(f_c - f_0)t] + \cos[2\pi(f_c + f_0)t]\} \quad (6-18)$$

其中,$\cos(2\pi f_c t)$ 称为载波,f_c 称为载波频率,$\cos(2\pi f_0 t)$ 称为单频调制信号,为调制
正弦波信号频率,且满足 $f_c > f_0$。由上式可见,所谓抑制载波单频调幅信号 f_0,就是 2 个正
弦信号相乘,它有 2 个频率成分:和频 $f_c + f_0$ 和差频 $f_c - f_0$,这 2 个频率成分关于载波频率 f_c
对称,所以,1 路抑制载波单频调幅信号的频谱图是关于载波频率 f_c 对称的 2 根谱线,其
中没有载频成分,故取名为抑制载波单频调幅信号。

容易看出,图 6-16 中三路调幅信号的载波频率分别为 250 Hz、500 Hz、1 000 Hz。如

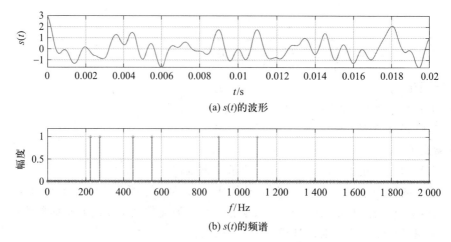

(a) $s(t)$ 的波形

(b) $s(t)$ 的频谱

图 6-16 三路调幅信号 $s(t)$ 的时域波形和幅频特性曲线

果调制信号 $m(t)$ 具有带限连续频谱,无直流成分,则 $s(t) = m(t)\cos(2\pi f_0 t)$ 就是一般的抑制载波调幅信号。其频谱图是关于载波频率 f_c 对称的 2 个边带(上下边带),在专业课通信原理中称为双边带抑制载波(DSB-SC)调幅信号,简称双边带(DSB)信号。如果调制信号 $m(t)$ 有直流成分,则 $s(t) = m(t)\cos(2\pi f_c t)$ 就是一般的双边带调幅信号。其频谱图是关于载波频率 f_c 对称的 2 个边带(上下边带),并包含载频成分。

(2)编程序调用 MATLAB 滤波器设计函数 ellipord 和 ellip,分别设计这三个椭圆滤波器,并绘图显示其幅频响应特性曲线。

(3)调用滤波器实现函数 filter,用三个滤波器分别对信号产生函数 mstg 产生的信号 $s(t)$ 进行滤波,分离出 $s(t)$ 中的三路不同载波频率的调幅信号 $y_1(n)$、$y_2(n)$ 和 $y_3(n)$ 并绘图显示 $y_1(n)$、$y_2(n)$ 和 $y_3(n)$ 的时域波形,观察分离效果。

2. 信号产生函数 mstg 清单

```
function st=mstg
% 产生信号序列向量 st,并显示 st 的时域波形和频谱
% st=mstg 返回三路调幅信号相加形成的混合信号,长度 N=1 600
N=1 600;% N 为信号 st 的长度。
Fs=10 000;T=1/Fs;Tp=N* T;% 采样频率 Fs=10 kHz,Tp 为采样时间
t=0:T:(N-1)* T;k=0:N-1;f=k/Tp;
fc1=Fs/10;% 第 1 路调幅信号的载波频率 fc1=1 000 Hz,
fm1=fc1/10;% 第 1 路调幅信号的调制信号频率 fm1=100 Hz
fc2=Fs/20;% 第 2 路调幅信号的载波频率 fc2=500 Hz
fm2=fc2/10;% 第 2 路调幅信号的调制信号频率 fm2=50 Hz
fc3=Fs/40;% 第 3 路调幅信号的载波频率 fc3=250 Hz,
fm3=fc3/10;% 第 3 路调幅信号的调制信号频率 fm3=25 Hz
xt1=cos(2* pi* fm1* t).* cos(2* pi* fc1* t);% 产生第 1 路调幅信号
xt2=cos(2* pi* fm2* t).* cos(2* pi* fc2* t);% 产生第 2 路调幅信号
xt3=cos(2* pi* fm3* t).* cos(2* pi* fc3* t);% 产生第 3 路调幅信号
st=xt1+xt2+xt3;% 三路调幅信号相加
```

```
fxt=fft(st,N);% 计算信号 st 的频谱
% ====以下为绘图部分,绘制 st 的时域波形和幅频特性曲线 ===
subplot(3,1,1)
plot(t,st);
grid;
xlabel('t/s');
ylabel('s(t)');
axis([0,Tp/8,min(st),max(st)]);
title('(a)s(t)的波形')
subplot(3,1,2)
stem(f,abs(fxt)/max(abs(fxt)),'.');
grid;title('(b)s(t)的频谱')
axis([0,Fs/5,0,1.2]);
xlabel('f/Hz');
ylabel('幅度');
```

3. 实验程序框图如图 6-17 所示,供读者参考。

五、思考题

1. 请阅读信号产生函数 mstg,确定三路调幅信号的载波频率和调制信号频率。

2. 信号产生函数 mstg 中采样点数 $N = 700$,对 $s(t)$ 进行 N 点 FFT 可以得到 6 根理想谱线。如果 $N = 1\,000$,可否得到 6 根理想谱线?为什么?$N = 2\,000$ 呢?请改变函数 mstg 中采样点数 N 的值,观察频谱图验证您的判断是否正确。

3. 修改信号产生函数 mstg,给每路调幅信号加入载波成分,产生调幅(AM)信号,重复本实验,观察 AM 信号与抑制载波调幅信号的时域波形及其频谱的差别。

4. 提示:AM 信号表示式:$s(t) = [1+\cos(2\pi f_0 t)]\cos(2\pi f_c t)$。

六、实验报告要求

1. 简述实验目的及原理。

2. 画出实验主程序框图,打印程序清单。

3. 绘制三个分离滤波器的损耗函数曲线。

4. 绘制经过滤波后的三路调幅信号的时域波形。

5. 简要回答思考题。

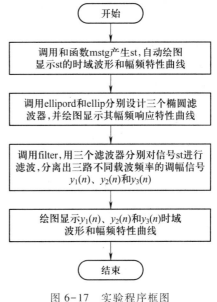

图 6-17 实验程序框图

6.6　实验六　FIR 数字滤波器设计及软件实现

一、实验说明

1. 实验类型:设计性实验。

2. 实验课时:3 学时。

二、实验目的

1. 掌握用窗函数法设计 FIR 数字滤波器的原理和方法。

2. 掌握用等波纹最佳逼近法设计 FIR 数字滤波器的原理和方法。

3. 掌握 FIR 滤波器的快速卷积实现原理。

4. 学会调用 MATLAB 函数设计与实现 FIR 滤波器。

三、实验内容及步骤

1. 实验步骤

（1）认真复习第五章中用窗函数法和等波纹最佳逼近法设计 FIR 数字滤波器的原理。

（2）调用信号产生函数 xtg 产生具有加噪声的信号 $x(t)$,并自动显示 $x(t)$ 及其频谱,如图 6-18 所示。

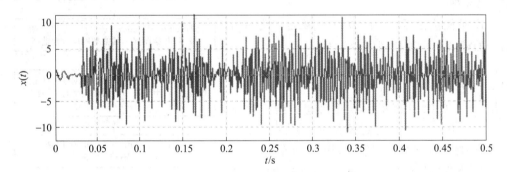

(a) 信号加噪声波形

(b) 信号加噪声的频谱

图 6-18　具有加噪声的信号 $x(t)$ 及其频谱

（3）请设计低通滤波器,从高频噪声中提取 $x(t)$ 中的单频调幅信号,要求信号幅频失真小于 0.1 dB,将噪声频谱衰减 60 dB。先观察 $x(t)$ 的频谱,确定滤波器指标参数。

（4）根据滤波器指标选择合适的窗函数,计算窗函数的长度 N,调用 MATLAB 函数

fir1 设计一个 FIR 低通滤波器。并编写程序,调用 MATLAB 快速卷积函数 fft 实现对 $x(t)$ 的滤波。绘图显示滤波器的频响特性曲线、滤波器输出信号的幅频特性图和时域波形图。

(5) 重复(3),滤波器指标不变,但改用等波纹最佳逼近法,调用 MATLAB 函数 remezord 和 remez 设计 FIR 数字滤波器,并比较两种设计方法设计的滤波器阶数。

2. 信号产生函数 xtg 程序清单

```
function xt=xtg(N)
% 实验六信号 x(t)产生,并显示信号的幅频特性曲线

% xt=xtg(N)产生一个长度为 N,有加性高频噪声的单频调幅信号 xt,采样频率
Fs=1 000 Hz
% 载波频率 fc=Fs/10=100 Hz,调制正弦波频率 f0=fc/10=10 Hz.
Fs=1 000;T=1/Fs;Tp=N* T;
t=0∶T∶(N-1)* T;
fc=Fs/10;f0=fc/10;   % 载波频率 fc=Fs/10,单频调制信号频率为 f0=
Fc/10;
mt=cos(2* pi* f0* t);   % 产生单频正弦波调制信号 mt,频率为 f0
ct=cos(2* pi* fc* t);   % 产生载波正弦波信号 ct,频率为 fc
xt=mt.* ct;            % 相乘产生单频调制信号 xt
nt=2* rand(1,N)-1;     % 产生随机噪声 nt

% 设计高通滤波器 hn,用于滤除噪声 nt 中的低频成分,生成高通噪声。
fp=150;fs=200;Rp=0.1;As=70;% 滤波器指标
fb=[fp,fs];m=[0,1];% 计算 remezord 函数所需参数 f,m,dev
dev=[10^(-As/20),(10^(Rp/20)-1)/(10^(Rp/20)+1)];
[n,fo,mo,W]=remezord(fb,m,dev,Fs);   % 确定 remez 函数所需参数
hn=remez(n,fo,mo,W);              % 调用 remez 函数进行设计,用于滤除噪声
nt 中的低频成分
yt=filter(hn,1,10* nt);   % 滤除随机噪声中低频成分,生成高通噪声 yt
% ===============================================
xt=xt+yt;   % 噪声加信号
fst=fft(xt,N);k=0∶N-1;f=k/Tp;
subplot(3,1,1);plot(t,xt);grid;xlabel('t/s');ylabel('x(t)');
axis([0,Tp/5,min(xt),max(xt)]);title('(a)信号加噪声波形')
subplot(3,1,2);plot(f,abs(fst)/max(abs(fst)));grid;title('(b)信
号加噪声的频谱')
axis([0,Fs/2,0,1.2]);xlabel('f/Hz');ylabel('幅度')
```

3. 实验程序框图如图 6-19 所示,供读者参考。

四、思考题

1. 如果给定通带截止频率、阻带截止频率和阻带最小衰减,如何用窗函数法设计线

性相位低通滤波器？请写出设计步骤。

2. 如果要求用窗函数法设计带通滤波器,且给定通带上、下截止频率为 ω_{p1} 和 ω_{pu}；阻带上、下截止频率为 ω_{s1} 和 ω_{su}。试求理想带通滤波器的截止频率 ω_{c1} 和 ω_{cu}。

3. 解释为什么对同样的技术指标,用等波纹最佳逼近法设计的滤波器阶数低？

五、实验报告要求

1. 对两种设计 FIR 滤波器的方法(窗函数法和等波纹最佳逼近法)进行分析比较,简述其优缺点。

2. 附程序清单、打印实验内容要求绘图显示的曲线图。

3. 分析总结实验结果。

4. 简要回答思考题。

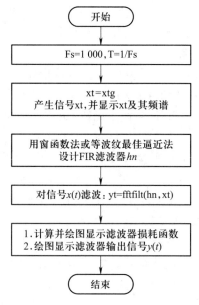

图 6-19　实验程序框图

附录1　模拟滤波器设计参数表

附表 1　各阶巴特沃斯分解多项式 $B_n(s)$

$$B_n(s) = a_0 + a_1 s + a_2 s^2 + \cdots + a_{N-1} s^{N-1} + a_N s^N$$

N	a_0	a_1	a_2	a_3	a_4	a_5	a_6	a_7	a_8
1	1	1							
2	1	$\sqrt{2}$	1						
3	1	2	2	1					
4	1	2.612	3.414	2.613	1				
5	1	3.236	5.236	5.236	3.236	1			
6	1	3.864	7.464	9.141	7.464	3.864	1		
7	1	4.949	10.103	14.606	14.606	10.103	4.949	1	
8	1	5.126	13.138	21.848	25.691	21.848	13.138	5.126	1

附表 2　各阶巴特沃斯因式分解多项式

N	$B_n(s)$
1	$1+s$
2	$1+\sqrt{2}s+s^2$
3	$(1+s)(1+s+s^2)$
4	$(1+0.765s+s^2)(1+1.848s+s^2)$
5	$(1+s)(1+0.618s+s^2)(1+1.618s+s^2)$
6	$(1+0.517s+s^2)(1+\sqrt{2}s+s^2)(1+1.932s+s^2)$
7	$(1+s)(1+0.445s+s^2)(1+1.246s+s^2)(1+1.802s+s^2)$
8	$(1+0.397s+s^2)(1+1.111s+s^2)(1+1.663s+s^2)(1+1.962s+s^2)$

附表 3　前 8 阶切比雪夫多项式

N	$T_N(x)$
0	$T_0(x) = 1$
1	$T_1(x) = x$
2	$T_2(x) = 2x^2 - 1$
3	$T_3(x) = 4x^3 - 3x^2$
4	$T_4(x) = 8x^4 - 8x^2 + 1$
5	$T_5(x) = 16x^5 - 20x^3 + 5x$
6	$T_6(x) = 32x^6 - 48x^4 + 18x^2 - 1$
7	$T_7(x) = 64x^7 - 112x^5 + 56x^3 - 7x$
8	$T_8(x) = 128x^8 - 256x^6 + 160x^4 - 32x^2 + 1$

附录2　切比雪夫滤波器设计参数表

当 $\varepsilon = \dfrac{1}{2}, 1, 2, 3$ dB 时,低通滤波器的切比雪夫多项式 $V_N(s)$

切比雪夫滤波器系统函数 $H_N(s) = \dfrac{K}{V_N(s)}$,其中

$$K = \begin{cases} \dfrac{b_0}{(1+\varepsilon^2)^{\frac{1}{2}}}, & N\ \text{为偶数} \\[2mm] b_0, & N\ \text{为奇数} \end{cases}$$

N	b_0	b_1	b_2	b_3	b_4	b_5	b_6	b_7	b_8	b_9
a. $\frac{1}{2}$dB　　波纹系数 $\varepsilon = 0.349, \varepsilon^2 = 0.122$										
1	2.862									
2	1.156	1.425								
3	0.715	1.534	1.252							
4	0.379	1.025	1.716	1.197						
5	0.178	0.752	1.309	1.937	1.172					
6	0.094	0.432	1.171	1.589	2.171	1.159				
7	0.044	0.282	0.755	1.647	1.869	2.412	1.151			
8	0.023	0.152	0.583	1.148	2.184	2.149	2.656	1.146		
9	0.011	0.094	0.340	0.983	1.611	2.781	2.429	2.902	1.142	
10	0.005	0.049	0.237	0.626	1.527	2.144	3.440	2.790	3.149	1.140
b. 1 dB　　波纹系数 $\varepsilon = 0.508, \varepsilon^2 = 0.258$										
1	1.965									
2	0.102	1.097								
3	0.491	1.238	0.655							
4	0.275	0.742	1.453	0.952						
5	0.122	0.580	0.974	1.688	0.936					

附录2 切比雪夫滤波器设计参数表

b. 1 dB 波纹系数 $\varepsilon=0.508$, $\varepsilon^2=0.258$										
6	0.068	0.307	0.939	1.202	1.930	0.928				
7	0.030	0.213	0.548	1.357	1.428	2.176	0.923			
8	0.017	0.107	0.447	0.846	1.836	1.655	2.423	0.919		
9	0.007	0.070	0.244	0.786	1.201	2.378	1.881	2.670	0.917	
10	0.004	0.034	0.182	0.455	1.244	1.612	2.981	2.107	2.919	0.915
c. 2 dB 波纹系数 $\varepsilon=0.764$, $\varepsilon^2=0.584$										
1	1.307									
2	0.636	0.803								
3	0.326	1.022	0.737							
4	0.205	0.516	1.256	0.716						
5	0.081	0.459	0.693	1.499	0.706					
6	0.051	0.210	0.771	0.867	1.745	0.701				
7	0.020	0.166	0.382	1.144	1.039	1.993	0.697			
8	0.012	0.072	0.358	0.598	1.579	1.211	2.242	0.696		
9	0.005	0.054	0.168	0.644	0.856	2.076	1.383	2.491	0.694	
10	0.003	0.023	0.144	0.317	1.038	1.158	2.636	1.555	2.740	0.693
d. 3 dB 波纹系数 $\varepsilon=0.997$, $\varepsilon^2=0.995$										
1	1.002									
2	0.707	0.644								
3	0.250	0.928	0.597							
4	0.176	0.404	1.169	0.581						
5	0.062	0.407	0.548	1.414	0.574					
6	0.044	0.163	0.699	0.690	1.662	0.570				
7	0.015	0.146	0.300	1.051	0.831	1.911	0.568			
8	0.011	0.056	0.320	0.471	1.466	0.971	2.160	0.567		
9	0.003	0.047	0.131	0.583	0.678	1.943	1.112	2.410	0.565	
10	0.002	0.018	0.127	0.249	0.949	0.921	2.483	1.252	2.569	0.565

当 $\varepsilon=\dfrac{1}{2}$, 1, 2, 3 dB 时, 切比雪夫多项式 $V_N(s)$ 的零点位置

切比雪夫滤波器系统函数 $H_N(s)=\dfrac{K}{V_N(s)}$, 其中

$$K_N=\begin{cases} \dfrac{b_0}{(1+\varepsilon^2)^{\frac{1}{2}}}, & N \text{ 为偶数} \\ b_0, & N \text{ 为奇数} \end{cases}$$

$N=1$	$N=2$	$N=3$	$N=4$	$N=5$	$N=6$	$N=7$	$N=8$	$N=9$	$N=10$
			a. $\frac{1}{2}$ dB　波纹系数 $\varepsilon=0.34, \varepsilon^2=0.12$						
-2.86	-0.71	-0.62	-0.17	-0.36	-0.07	-0.25	-0.03	-0.19	-0.02
	$\pm j1.00$		$\pm j1.01$		$\pm j1.00$		$\pm j1.00$		$\pm j1.00$
		-0.31	-0.42	-0.11	-0.21	-0.05	-0.12	-0.03	-0.08
		$\pm j1.02$	$\pm j0.42$	$\pm j1.01$	$\pm j0.73$	$\pm j1.00$	$\pm j0.85$	$\pm j1.00$	$\pm j0.90$
				-0.29	-0.28	-0.15	-0.18	-0.09	-0.12
				$\pm j0.62$	$\pm j0.27$	$\pm j0.80$	$\pm j0.56$	$\pm j0.88$	$\pm j0.71$
						-0.23	-0.29	-0.15	-0.15
						$\pm j0.44$	$\pm j0.19$	$\pm j0.65$	$\pm j0.46$
								-0.18	-0.17
								$\pm j0.34$	$\pm j0.15$
			b. 1 dB　波纹系数 $\varepsilon=0.50, \varepsilon^2=0.25$						
-1.96	-0.54	-0.49	-0.13	-0.28	-0.06	-0.20	-0.03	-0.15	-0.02
	$\pm j0.89$		$\pm j0.98$		$\pm j0.99$		$\pm j0.99$		$\pm j0.99$
		-0.24	-0.33	-0.08	-0.16	-0.04	-0.09	-0.02	-0.10
		$\pm j0.96$	$\pm j0.40$	$\pm j0.99$	$\pm j0.72$	$\pm j0.99$	$\pm j0.84$	$\pm j0.99$	$\pm j0.71$
				-0.23	-0.23	-0.12	-0.14	-0.07	-0.04
				$\pm j0.61$	$\pm j0.26$	$\pm j0.79$	$\pm j0.56$	$\pm j0.87$	$\pm j0.89$
						-0.18	-0.17	-0.12	-0.09
						$\pm j0.44$	$\pm j0.19$	$\pm j0.65$	$\pm j0.45$
								-0.14	-0.10
								± 0.34	$\pm j0.15$
			c. 2 dB　波纹系数 $\varepsilon=0.76, \varepsilon^2=0.58$						
-1.30	-0.40	-0.36	-0.10	-0.21	-0.04	-0.15	-0.02	-0.12	-0.01
	$\pm j0.68$		$\pm j0.95$		$\pm j0.98$		$\pm j0.98$		$\pm j0.993$
		-0.18	-0.25	-0.06	-0.12	-0.03	-0.07	-0.02	-0.07
		$\pm j0.92$	$\pm j0.39$	$\pm j0.97$	$\pm j0.71$	$\pm j0.98$	$\pm j0.83$	$\pm j0.99$	$\pm j0.71$
		$-$		-0.17	-0.17	-0.09	-0.11	-0.06	-0.04
				$\pm j0.60$	$\pm j0.26$	$\pm j0.79$	$\pm j0.56$	$\pm j0.87$	$\pm j0.89$
						-0.13	-0.13	-0.09	-0.09
						$\pm j0.43$	$\pm j0.19$	$\pm j0.64$	$\pm j0.45$
								-0.11	-0.10
								$\pm j0.34$	$\pm j0.15$

d. 3 dB			波纹系数 $\varepsilon = 0.99, \varepsilon^2 = 0.99$						
1.00	-0.32	-0.29	-0.08	-0.17	-0.03	-0.12	-0.02	-0.09	-0.01
	±j0.77		±j0.94		±j0.97		±j0.98		±j0.99
		-0.14	-0.20	-0.05	-0.10	-0.02	-0.06	-0.01	-0.04
		±j0.90	±j0.39	±j0.96	±j0.71	±j0.98	±j0.83	±j0.98	±j0.89
				-0.14	-0.14	-0.07	-0.09	-0.04	-0.06
				±j0.59	±j0.26	±j0.78	±j0.55	±j0.87	±j0.70
						-0.11	-0.10	-0.07	-0.07
						±j0.43	±j0.19	±j0.64	±j0.45
								-0.09	-0.08
								±j0.34	±j0.15

参考文献

［1］赵健,王宾,马苗. 数字信号处理［M］. 2 版. 北京:清华大学出版社,2011.

［2］丁玉美,高西全. 数字信号处理［M］. 4 版. 西安:西安电子科技大学出版社,2016.

［3］王俊,王祖林,高飞,等. 数字信号处理［M］. 北京:高等教育出版社,2019.

［4］陈后金. 数字信号处理［M］. 3 版. 北京:高等教育出版社,2018.

［5］彭启琮,林静然,杨錬,等. 数字信号处理［M］. 北京:高等教育出版社,2017.

［6］吴镇扬. 数字信号处理［M］. 3 版. 北京:高等教育出版社,2016.

［7］陈树新. 数字信号处理［M］. 3 版. 北京:高等教育出版社,2015.

［8］高新波,阔永红,田春娜. 数字信号处理［M］. 北京:高等教育出版社,2014.

［9］Sanjit K. Mitra. 数字信号处理:基于计算机的方法［M］. 4 版. 北京:电子工业出版社,2018.

［10］Richard G. Lyons. 数字信号处理［M］. 2 版. 北京:电子工业出版社,2017.